辽宁省职业教育石油化工虚拟仿真
实训基地系列软件教学指导书

甲基叔丁基醚生产仿真
教学软件指导书

● 刘小隽　主　编
● 李晓东　主　审

U0266405

JIAJISHUDINGJIMI SHENGCHAN FANGZHEN
JIAOXUE RUANJIAN ZHIDAOSHU

化学工业出版社

·北京·

甲基叔丁基醚生产仿真教学软件是辽宁省职业教育石油化工虚拟仿真实训基地建设项目之一。《甲基叔丁基醚生产仿真教学软件指导书》是与甲基叔丁基醚生产仿真教学软件配套的指导书，指导书内容包括认识实习、生产实习、顶岗实习三部分，主要介绍仿真教学软件的运行使用方法、甲基叔丁基醚生产装置的工艺、生产原理和主要设备等相关知识以及开车、停车、事故处理等仿真操作。

　　《甲基叔丁基醚生产仿真教学软件指导书》可作为职业院校化工类专业以及相关专业仿真教学教材，也可供从事甲基叔丁基醚生产的企业工程技术人员培训使用及参考。

图书在版编目（CIP）数据

甲基叔丁基醚生产仿真教学软件指导书/刘小隽主编.
北京：化学工业出版社，2018.8
辽宁省职业教育石油化工虚拟仿真实训基地系列
软件教学指导书
ISBN 978-7-122-32338-5

Ⅰ.①甲… Ⅱ.①刘… Ⅲ.①甲基-特丁基-化工设备-计算机仿真-职业教育-教学参考资料 Ⅳ.①TQ241.1-39

中国版本图书馆 CIP 数据核字（2018）第 123800 号

责任编辑：刘心怡　　　　　　　　　　　　　文字编辑：孙凤英
责任校对：边　涛　　　　　　　　　　　　　装帧设计：刘丽华

出版发行：化学工业出版社（北京市东城区青年湖南街 13 号　邮政编码 100011）
印　　装：北京科印技术咨询服务公司海淀数码印刷分部
787mm×1092mm　1/16　印张 8　字数 159 千字　2018 年 9 月北京第 1 版第 1 次印刷

购书咨询：010-64518888（传真：010-64519686）　售后服务：010-64518899
网　　址：http://www.cip.com.cn
凡购买本书，如有缺损质量问题，本社销售中心负责调换。

定　　价：32.00 元　　　　　　　　　　　　　　　　版权所有　违者必究

序言

在辽宁省教育厅、财政厅专项资金支持建设的第二期职业教育数字化教学资源建设项目中，石油化工虚拟仿真实训基地是其中的项目之一，由辽宁石化职业技术学院作为牵头建设单位，联合本溪市化学工业学校、沈阳市化工学校、相关企业共同建设。

辽宁石化职业技术学院具体承担汽柴油加氢、苯乙烯生产、甲苯歧化、尿素生产、甲基叔丁基醚生产以及动力车间的仿真软件开发。其特点是对接企业、岗位新技术、新规范、新标准、新设备、新工艺，以突出教学、训练特征的理想的现场教学环境为目标，建设高仿真、高交互、智能化、实现 3D 漫游，具有单人独立操作、多人独立操作、联合操作及对关键设施设备实施拆装、解体、检测、维护功能的积式结构、网络传输的大型计算机虚拟仿真实训软件。解决"看不见、进不去、摸不着、难再现、小概率、高污染、高风险、周期长、成本高"等现场实训教学难以解决的教学问题。

辽宁石化职业技术学院是国家骨干高职院校建设项目优秀学校，凭借校企合作体制机制的优势，与生产一线的工程技术人员组成研发团队，共同承担石油化工虚拟仿真实训基地建设工作，实现了石油化工装置 DCS 仿真操作 2D 与 3D 实时进行信息及数据的传输与转换，实现了班组团队协同操作训练，实现了按照实践教学体系认识实习、生产实习、顶岗实习分级训练。在 2013 年天津举办的全国职业院校学生技能作品展洽会信息化专项展中，苯乙烯项目展示得到国务院副总理刘延东、教育部副部长鲁昕的驻台观看和肯定，虚拟仿真实训软件开发的资金绩效得到财政厅的肯定。由于在信息化方面的积极探索与创新，该校教师多次在省内和全国职业院校教师信息化教学大赛中摘金夺银。

本次出版的与石油化工虚拟仿真实训基地配套的系列指导书，是一次尝试。表现形式更直观和多样性，图文并茂；内容安排反映石油化工生产过程的实际问题，突出应用训练，理论的阐述以满足学生理解掌握操作技能为目的，并渗透职业素质的培养，实现教学做一体，提高了学生参与度和主动学习的意识，利于学生职业素质和能力培养，教学过程的有效性得以提升。为优质教育资源共享、推广和应用提供了详尽而准确的帮助，对提升教育教学质量和教师信息技术能力，探索学习方式方法和教育教学模式起到积极促进作用。

该系列指导书与石油化工虚拟仿真实训基地软件开发同步出版，体现了职业教育的教学规律和特点。不但具有很好的可教性和可学性，而且加强了数字资源建设理论研究，丰富了辽宁省职业教育数字化教学资源第二期建设成果，对辽宁省职业教育数字化教学资源建设项目验收和应用推广起到引领示范作用。

　　　　　　　　辽宁省职业教育信息化教学指导委员会委员

为了进一步深化高职教育教学改革，加强专业与实训基地建设，推动优质教学资源共建共享，提高人才培养质量，辽宁省教育厅辽宁省财政厅于2010年启动了辽宁省职业教育数字化教学资源第二期建设项目。

辽宁石化职业技术学院是"国家示范性高等职业院校建设计划"骨干高职院校建设项目优秀学校，辽宁省首家采用校企合作办学体制的高职学院，2014年牵头组建辽宁石油化工职业教育集团。近年来大力加强教育信息化建设，打造数字化精品校园，取得了令人瞩目的成绩。作为牵头建设单位，联合本溪市化学工业学校、沈阳市化工学校，共同完成辽宁省职业教育石油化工数字化教学资源建设二期项目。重点建设以实习实训教学为主体的、功能完整、实现虚拟环境下的职业或岗位系列活动的虚拟仿真实训基地。解决"看不见、进不去、摸不着、难再现、小概率、高污染、高风险、周期长、成本高"等现场实训教学难以解决的教学问题。

为高质量完成石油化工虚拟仿真实训基地建设任务，辽宁石化职业技术学院组成了以辽宁省职业教育教学名师、辽宁省职业教育信息化教学指导委员会委员李晓东为组长的项目建设领导小组，负责整个项目建设的组织管理工作。并由全国职业院校信息化教学大赛一等奖获得者、辽宁省职业教育教学名师、辽宁省高等院校石油化工专业带头人齐向阳担任项目负责人。负责项目整体设计，制定建设实施方案和任务书，进行主项目与子项目间的统筹，负责研发团队建设与管理工作。参加建设的专业教师都有丰富的教学经验，并在辽宁省职业院校信息化教学设计比赛和课堂教学比赛中获得过优异成绩。

辽宁石化职业技术学院在本次虚拟仿真实训基地建设中，具体承担汽柴油加氢、苯乙烯、甲苯歧化、尿素、甲基叔丁基醚以及动力车间的仿真软件开发，其特点是选用具有代表性的石化生产工艺路线，以突出教学、训练特征的理想的现场教学环境为目标，重点建设高仿真、高交互、智能化、实现3D漫游，具有单人独立操作、多人独立操作、联合操作及对关键设施设备实施拆装、解体、检测、维护功能的积式结构、网络传输的大型计算机虚拟仿真实训软件。

本次出版的与虚拟仿真实训基地配套的《甲基叔丁基醚生产仿真教学软件指导书》由刘小隽主编和统稿，李晓东主审；辽宁石化职业技术学院齐向阳、杜凤、张辉等教师参与了编写；阎安等企业工程技术人员对软件和指导书的编写提出了宝贵意见；北京东方仿真控制技术有限公司刘亮、林海霞、陈静、邱晓贺等参与了资料收集工作。

由于水平有限，难免存在不妥之处，敬请读者批评指正。

编　者

2018 年 4 月

目 录

认识实习

MTBE（methyl *tert*-butyl ether）为甲基叔丁基醚的英文缩写，其基础辛烷值高，抗自动氧化性强，不易生成过氧化物，是优良的汽油高辛烷值添加剂。MTBE 的含氧量相对较高，能够明显改善汽车尾气的排放。MTBE 也是一种重要的化工原料，可以通过裂解制取高纯度的异丁烯，异丁烯可以作为橡胶及其他化工产品的原料。

认识实习是职业院校学生在校期间了解石化企业的重要环节，甲基叔丁基醚（简称 MTBE）生产装置虚拟仿真实训基地以某石化企业实际生产装置为蓝本进行开发设计，软件设计有认识实习环节。认识实习的主要任务是使学习者了解甲基叔丁基醚生产装置构成，熟悉基本工艺过程和生产原理，认识和熟悉主要设备，了解主要设备在工艺当中的作用。甲基叔丁基醚生产装置认识实习虚拟仿真软件设计了认识实习初级、认识实习中级和认识实习高级三个阶段，能够满足学生由浅入深地逐步学习相关知识。教学过程可以安排在专业基础课授课阶段，也可以安排在专业课程授课阶段，利用软件满足不同阶段的教学需要。

一、认识实习相关知识

（一）装置生产工艺概况

甲基叔丁基醚生产装置是以气体分馏装置生产的混合 C_4 馏分中的异丁烯组分和外购甲醇为原料，以大孔径强酸性阳离子交换树脂为催化剂，反应生成 MTBE。MTBE 为高辛烷值油品，用于调和生产高标号汽油。本装置采用混相膨胀床-反应精馏组合工艺，装置的工艺关键设备包括预反应器、催化蒸馏塔、甲醇萃取塔及甲醇精馏塔，MTBE 产品及未反应 C_4 分别送至系统油品罐区储存。生产工艺流程框图如图 1-1 所示。

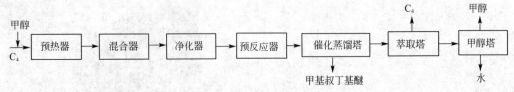

图 1-1　甲基叔丁基醚生产工艺流程框图

（二）工艺原理及特点

在一定的工艺条件下，原料 C_4 馏分中的异丁烯和工业甲醇混合后通过催化剂床层，反应合成 MTBE。反应方程式如下：

主反应：

$$CH_3-\underset{\underset{CH_3}{|}}{C}=CH_2+CH_3OH \longrightarrow CH_3-\underset{\underset{CH_3}{|}}{\overset{\overset{CH_3}{|}}{C}}-O-CH_3$$

副反应：

$$\underset{\underset{CH_3}{|}}{\overset{\overset{CH_3}{|}}{C}}=CH_2+\underset{\underset{CH_3}{|}}{\overset{\overset{CH_3}{|}}{C}}=CH_2 \longrightarrow CH_3-\underset{\underset{CH_3}{|}}{\overset{\overset{CH_3}{|}}{C}}-CH_2-\underset{\overset{CH_3}{|}}{C}=CH_2$$

$$\underset{\underset{CH_3}{|}}{\overset{\overset{CH_3}{|}}{C}}=CH_2+H_2O \longrightarrow CH_3-\underset{\underset{CH_3}{|}}{\overset{\overset{CH_3}{|}}{C}}-OH$$

$$CH_3OH+CH_3OH \longrightarrow CH_3-O-CH_3+H_2O$$

该主反应为可逆放热反应，反应温度 40～80℃，反应压力 0.7～1.0MPa，催化剂采用大孔强酸性阳离子交换树脂，使用该催化剂时要求限制原料中碱性物质含量，如果超标将导致催化剂中毒失活，同时受催化剂的耐热性的影响，反应温度也不能过高。

甲醇和异丁烯反应的选择性很高，C_4 组分中的其他物质几乎不参加反应。

二、认识实习运行平台操作

（一）启动方式

① 进入辽宁省石油化工虚拟仿真实训基地网页，找到精细化工分厂，点击甲基叔丁基醚生产车间软件图标，如图 1-2 所示。

② 输入账号和密码，如图 1-3 所示。

③ 由常用功能选项中的实习项目，查找甲基叔丁基醚装置认识实习仿真培训软件，点击开始实习，如图 1-4 所示。

④ 选择认识实习项目，点击启动认识实习软件，如图 1-5 所示。

⑤ 选择认识实习初级、中级和高级项目，点击启动认识实习某个项目软件，如图 1-6 所示。

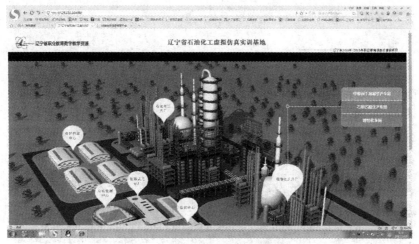

图 1-2 甲基叔丁基醚软件界面

图 1-3 软件账户登录界面

图 1-4 认识实习软件登录界面

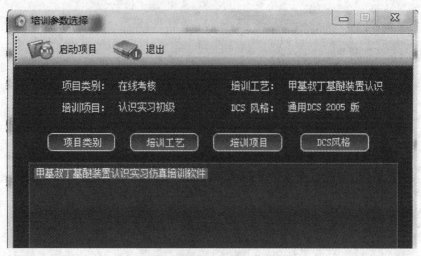

图 1-5　认识实习软件启动界面

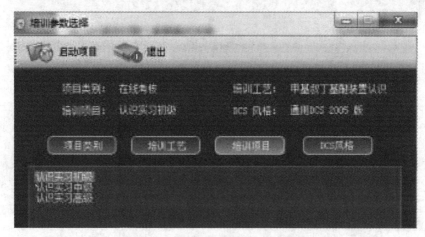

图 1-6　认识实习初级软件启动界面

（二）主场景介绍

在主场景中，操作者可控制角色移动、浏览场景、操作设备等。操作结果可通过数据库与 PISP 仿真软件关联，经过数学模型计算，将数据变化情况在 DCS 系统或是在 3D 现场仪表上显示出来。

（三）移动方式

① 按住 W、S、A、D 键可控制当前角色向前后左右移动。

② 按住鼠标左键可进行视角上下左右移动。

③ 点击 R 键或功能按钮中"走跑切换"按钮可控制角色进行走、跑切换。

④ 鼠标右键点击一个地点，当前角色可瞬移到该位置。滚动鼠标滚轮向前或者向后，可调整视角与角色之间的距离。

（四）操作阀门

当控制角色移动到目标阀门附近时，鼠标悬停在阀门上，此阀门会闪烁，代表可以操作阀门；如果距离较远，即使将鼠标悬停在阀门位置，阀门也不会闪烁，代表距离太远，不能操作。阀门操作信息在小地图上方区域即时显示，同时显示在消息框中。左键双击闪烁阀门，可进入操作界面，查看阀门信息。

（五）拾取物品

鼠标双击可拾取的物品，则该物品装备到装备栏中，个别物品也可直接装备到角色身上。

三、认识实习初级指导

通过认识实习初级使学生了解甲基叔丁基醚生产装置的安全要点，开展安全教育。初步学习原则工艺流程，了解物料关系。学习装置的主要设备，认识和熟悉设备位号，了解主要设备在工艺当中的作用。安排了 C_4 储罐 V101、泵 P101A、换热器 E101、原料净化器 R101、催化蒸馏塔 C201、萃取塔 C301、甲醇塔 C302、甲醇净化罐 V104 等具体设备学习的知识点。

（一）厂门口集合

任务提示：完成 MTBE 装置生产车间认识实习任务，主要认识厂区内设备以及其在本装置内的作用。

使用方法提示：头顶叹号，双击弹出对话，按对话内容跟随学习，双击对话内的黄色下划线关键词调用知识点，学习相关素材内容。

（二）培训室流程介绍和安全教育

任务提示：在培训室内，对装置概况、安全教育、工艺流程、3D 场景俯视图进行了详细的介绍，请双击师傅对话内的黄色下划线关键词或者直接点击培训室大屏幕下的"装置概况""安全教育""工艺流程""3D 场景俯视图"按钮来学习，如图 1-7 所示。

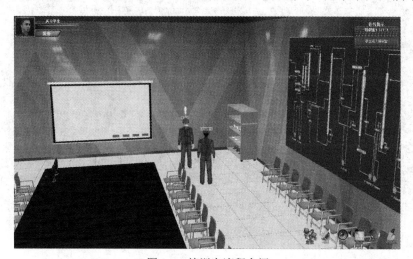

图 1-7 培训室流程介绍

（三）C₄储罐 V101 知识点学习

任务提示：认识学习卧式储罐 V101，请双击师傅对话内的黄色下划线关键词或者双击设备学习相关知识，如图 1-8 所示。

图 1-8　C₄储罐 V101

学习内容：V101，这是 C₄储罐，属于卧式储罐，用于储存来自气体分馏装置的液化气，即液态 C₄原料，这套装置现场共有 9 个这样的罐。

（四）泵 P101A 知识点学习

任务提示：认识学习离心泵 P101A，请双击师傅对话内的黄色下划线关键词或者双击设备学习相关知识，如图 1-9 所示。

图 1-9　泵 P101A

学习内容：这是离心泵 P101，这台泵负责把 C_4 储罐中的原料 C_4 输送到系统中。离心泵用于输送液体物料。本装置有原料 C_4 泵 P101A/B、输送液体原料甲醇的 P102A/B、输送催化蒸馏塔回流液的泵 P201A/B。输送未反应 C_4 的泵 P301A/B、输送甲醇塔进料的泵 P302A/B、输送甲醇塔回流液的泵 P303A/B、输送萃取水的泵 P304A/B。这套装置共有 14 台离心泵，每一种物料需要两台离心泵，其中一台正常使用，另外一台备用。化工生产中还常用其他类型的泵，如往复泵等。

（五）换热器 E101 知识点学习

任务提示：认识学习换热器 E101，请双击师傅对话内的黄色下划线关键词或者双击设备学习相关知识，如图 1-10 所示。

学习内容：这是换热器，是将热流体的部分热量传递给冷流体的设备，又称热交换器。这台换热器用热的凝结水把混合原料 C_4 和甲醇进行预热，达到反应所需要的温度条件。

图 1-10　换热器 E101

（六）原料净化器 R101A/B 知识点学习

任务提示：认识学习原料净化器 R101A/B，请双击师傅对话内的黄色下划线关键词或者双击设备学习相关知识，如图 1-11 所示。

学习内容：这是两台并联的原料净化器，内装有催化剂，用于过滤原料 C_4 和甲醇中所携带的金属阳离子和碱性化合物。

（七）预反应器 R201 知识点学习

任务提示：认识学习预反应器 R201，请双击师傅对话内的黄色下划线关键词或者双击设备学习相关知识，如图 1-12 所示。

图 1-11　原料净化器 R101A/B

图 1-12　预反应器 R201

学习内容：这是反应器，反应器内装有大孔径强酸性阳离子交换树脂催化剂，原料 C_4 和甲醇在催化剂作用下发生醚化反应，生成产品 MTBE。在此反应器中，原料 C_4 中的异丁烯转化率可以达到 90% 左右。

（八）催化蒸馏塔 C201 知识点学习

任务提示：认识学习催化蒸馏塔 C201，并学习催化蒸馏工艺，请双击师傅对话内的黄色下划线关键词或者双击设备学习相关知识，如图 1-13 所示。

学习内容：这是催化蒸馏塔，该塔的内部结构较复杂，里面共有 70 层双溢流浮阀塔盘，装有 12t 催化剂。预反应器来的剩余原料和补充甲醇在催化剂作用下发生反应，生成

MTBE 产品。经过催化蒸馏塔反应后,异丁烯转化率可达 99%以上。同时该塔把 MTBE 与甲醇、C₄分离,从塔底采出。因此催化蒸馏塔内物料同时完成了反应和产品的分离。

图 1-13　催化蒸馏塔 C201

(九)萃取塔 C301 知识点学习

任务提示:认识学习萃取塔 C301,请双击师傅对话内的黄色下划线关键词或者双击设备学习相关知识,如图 1-14 所示。

学习内容:这是萃取塔,是一种填料塔,里面装有散堆填料,主要任务是用于处理来自催化蒸馏塔塔顶的 C₄ 和甲醇的液体混合物。由于甲醇溶于水,而 C₄ 难溶于水,因此用水作萃取剂能够溶解混合物中的甲醇,使 C₄ 和甲醇得以分离。

图 1-14　萃取塔 C301

（十）甲醇塔 C302 知识点学习

任务提示：认识学习甲醇精馏塔 C302，请双击师傅对话内的黄色下划线关键词或者双击设备学习相关知识，如图 1-15 所示。

学习内容：这是甲醇回收塔，是一种板式塔，塔内有 60 层浮阀塔盘。根据水和甲醇的沸点不同，用精馏的方法将两者分离，回收原料甲醇。

图 1-15　甲醇塔 C302

（十一）甲醇净化罐 V104 知识点学习

任务提示：认识学习甲醇净化罐 V104 的作用，请双击师傅对话内的黄色下划线关键词或者双击设备学习相关知识，如图 1-16 所示。

图 1-16　甲醇净化罐 V104

学习内容：这是甲醇净化罐，用来为催化蒸馏塔补充原料甲醇，保证异丁烯转化为 MTBE。

四、认识实习中级指导

认识实习中级部分是在认识甲基叔丁基醚生产装置的基本工艺和主要设备的基础上，进一步了解学习主要设备的基本结构及原理。

1. 厂门口集合

任务提示：完成 MTBE 装置生产车间认识实习任务，主要认识厂区内设备以及其在本装置内的作用。

使用方法提示：头顶叹号，双击弹出对话，按对话内容跟随学习，双击对话内的黄色下划线关键词调用知识点，学习相关素材内容。

2. C_4 储罐 V101 知识点学习

任务提示：认识学习卧式储罐 V101 的结构及原理，请双击师傅对话内的黄色下划线关键词或者双击设备学习相关知识。

3. 泵 P101A 知识点学习

任务提示：认识学习离心泵 P101A 的结构及原理，请双击师傅对话内的黄色下划线关键词或者双击设备学习相关知识。

4. 换热器 E101 知识点学习

任务提示：认识学习换热器 E101 的结构及原理，请双击师傅对话内的黄色下划线关键词或者双击设备学习相关知识。

5. 预反应器 R201 知识点学习

任务提示：认识学习预反应器 R201 的结构及原理，请双击师傅对话内的黄色下划线关键词或者双击设备学习相关知识。

6. 催化蒸馏塔 C201 知识点学习

任务提示：认识学习催化蒸馏塔 C201 的结构及原理，并学习催化蒸馏工艺，请双击师傅对话内的黄色下划线关键词或者双击设备学习相关知识。

7. 萃取塔 C301 知识点学习

任务提示：认识学习萃取塔 C301 的结构及原理，请双击师傅对话内的黄色下划线关键词或者双击设备学习相关知识。

8. 甲醇塔 C302 知识点学习

任务提示：认识学习甲醇精馏塔 C302 的结构及原理，请双击师傅对话内的黄色下划线关键词或者双击设备学习相关知识。

五、认识实习高级指导

在认识学习甲基叔丁基醚生产装置的主要设备以后，认识实习的高级部分旨在进一步了解学习生产中的压力表、流量计、安全阀、控制阀等常用的小型构件。

1. 厂门口集合

任务提示：完成 MTBE 装置生产车间认识实习任务，主要认识厂区内设备以及其在本装置内的作用。

使用方法提示：头顶叹号，双击弹出对话，按对话内容跟随学习，双击对话内的黄色下划线关键词调用知识点，学习相关素材内容。

2. 泵 P101A 附近阀门、压力表知识点学习

任务提示：认识学习泵 P101A 附近止回阀、压力表的结构与工作原理，请双击师傅对话内的黄色下划线关键词或者双击设备学习相关知识，如图 1-17 所示。

学习内容：

① 止回阀　止回阀是依靠介质本身流动而自动开闭阀瓣，用来防止介质倒流的阀门，又称止逆阀，一般安装在泵的出口管路上。以动画形式学习止回阀的结构与原理。

② 压力表　压力表是指以弹性元件为敏感元件，测量并指示高于环境压力的仪表，应用极为普遍，泵的出口一般都安装有压力表。以动画形式介绍了几种常见压力表的结构与原理。

图 1-17　压力表

3. C$_4$储罐 V101 上方安全阀知识点学习

任务提示：认识学习卧式储罐 V101 上方安全阀的结构及原理，请双击师傅对话内的黄色下划线关键词或者双击设备学习相关知识，如图 1-18 所示。

学习内容：安全阀是特殊阀门，正常工况下，其启闭件在受外力作用下处于常闭状态，当设备或管道内的介质压力升高超过规定值时，通过安全阀能够向系统外排放介质，以防止管道或设备内介质压力超过规定数值。以动画形式学习安全阀的结构与原理。

图 1-18　安全阀

4. 甲醇罐 V102B 附近液位计知识点学习

任务提示：认识学习甲醇罐 V102B 附近液位计的结构及原理，请双击师傅对话内的黄色下划线关键词或者双击设备学习相关知识，如图 1-19 所示。

学习内容：在容器中所存储的液体介质的高低叫做液位，测量液位的仪表设备叫液位计。液位计是物位仪表的一种，主要有玻璃板式、雷达式、磁翻柱式等类型。以动画形式学习液位计的结构与原理。

图 1-19　液位计

5. 换热器 E101 附近阀门知识点学习

任务提示：认识学习换热器 E101 附近调节阀的结构与原理，请双击师傅对话内的黄色下划线关键词或者双击设备学习相关知识，如图 1-20 所示。

学习内容：凝结水从换热器底部出来去管网的管路上有一个四阀组，阀组中有一个调节阀，能够找到该调节阀，并且通过观看动画了解结构和原理。

图 1-20　调节阀

6. 预反应器 R201 附近温度计知识点学习

任务提示：认识学习预反应器附近温度计的结构与原理，请双击师傅对话内的黄色下划线关键词或者双击设备学习相关知识，如图 1-21 所示。

图 1-21　温度计

7. 流量计知识点学习

任务提示：认识学习质量流量计的工作原理，请双击师傅对话内的黄色下划线关键词或者双击设备学习相关知识，如图 1-22 所示。

图 1-22　质量流量计

学习内容：用来测量 C_4 原料去原料净化器的流量的是一个质量流量计，以动画形式学习流量计的结构与原理。

8．闸板阀知识点学习

任务提示：认识学习闸板阀的结构与工作原理，请双击师傅对话内的黄色下划线关键词或者双击设备学习相关知识，如图 1-23 所示。

学习内容：以动画形式学习闸板阀的结构与原理。

图 1-23　闸板阀

生产实习

　　甲基叔丁基醚生产装置虚拟仿真实训基地设计有生产实习环节，生产实习的主要任务是在认识实习的基础，使学生进一步学习甲基叔丁基醚生产装置工艺过程，学习主要设备的结构原理，学习生产工艺参数及调节控制方法。本软件设计了生产实习初级、生产实习中级和生产实习高级三个阶段，使学生能由浅入深地逐步学习相关知识。

一、生产实习相关知识

（一）装置生产工艺流程

　　1. 反应醚化单元

　　原料 C_4 馏分从液化气罐区或气体分馏装置进入 C_4 原料罐（V101），沉降分离携带水分后，用 C_4 原料泵（P101A/B）将 C_4 馏分输送去与甲醇混合。罐区来的新鲜甲醇和装置内回收的闭路循环甲醇进入甲醇原料罐（V102A/B）。甲醇物料经甲醇泵（P102A/B）增压计量后分两路，一路与 C_4 混合后进入预热器（E101）预热至 35～45℃，另一路至甲醇净化罐(V104)。按照 1.15∶1.0 的醇烯比（甲醇与异丁烯的摩尔比）在静态混合器（M101）中充分混合，进入净化器（R101A/B）中，过滤原料中所携带的金属阳离子和碱性化合物，然后进入预反应器(R201)的物料通过反应器内的催化剂床层，大部分异丁烯与甲醇反应转化为 MTBE，出口温度控制在（65±5）℃，通过压控进入催化蒸馏塔。预反应器(R201)中装有离子交换树脂，该树脂既可用作净化剂，又可用作反应催化剂。在所选择的反应进料温度（30～70℃）下，反应进料自下而上流经预反应器(R201)，树脂催化剂床层发生醚化反应，异丁烯转化率达到 90％左右。该反应为可逆放热反应，选择性很高，反应物料在混相反应器内部分气化吸收反应热以控制反应温度在适当的范围，在反应条件下尚有少量的副反应：异丁烯和水反应生成叔丁醇（TBA），异丁烯自聚生成二聚物(DIB)，甲醇缩合生成二甲醚（DME），正丁烯与甲醇生成甲基仲丁基醚（MSBE）。反应条件选择适当可使副反应控制在有限范围内。

2. 催化蒸馏单元

催化蒸馏塔（C201）分为提馏段、反应段、精馏段三段。混合物料进入催化蒸馏塔提馏段，预反应生成的 MTBE 在提馏段中被分离，MTBE 作为重组分从塔底排出，经催化蒸馏塔进料换热器（E202）和 MTBE 冷却器（E206）冷却后排出装置。未反应的 C_4 和甲醇催化蒸馏塔重沸器加热形成的低沸点共沸物作为轻组分以气相流到反应段。在反应段催化剂的作用下，未反应的异丁烯继续与甲醇反应生成 MTBE。在 10 个催化蒸馏的平衡级作用下，一边反应一边蒸馏，使异丁烯总转化率不小于 99%。为保证异丁烯转化为 MTBE，需在反应段的下部补充一定量的甲醇。甲醇经计量后进甲醇净化罐（V104），再进到反应段下部。经催化反应、分离后的剩余 C_4、甲醇混合料以气相状态向上流动，进入精馏段。经精馏段分离后，从塔顶排出，进入催化蒸馏塔冷凝器（E203）中。在冷凝器中与闭路循环水热交换后，由气相变为液相，并冷却到 55℃ 左右后进入催化蒸馏塔回流罐（V201）中。由催化蒸馏塔回流泵（P201A/B）从回流罐中抽出 C_4、甲醇混合物料，经泵增压计量后，一部分作为回流液送至催化蒸馏塔顶部，一部分作为醚化后 C_4 的出料经萃取塔进料冷却器（E205）降温后进入甲醇萃取塔（C301）底部。

3. 水洗单元

萃取塔（C301）塔底排出的甲醇水溶液、微量 C_4 的混合物进入闪蒸罐（V302）后气相直接排放至瓦斯系统。闪蒸罐里甲醇水溶液再由甲醇塔进料泵（P302A/B）抽出，经甲醇塔进料换热器（E302A/B）换热后进甲醇塔（C302）中部。萃取水先经釜液换热器（E302A/B）从萃取塔（C301）上部打入。在萃取塔（C301）中甲醇与剩余 C_4 的混合物为分散相，萃取水为连续相，两液相连续逆向流动，使甲醇被水萃取。经逆流萃取后，甲醇几乎全部溶于水中。含甲醇小于 90×10^{-6} 的 C_4 馏分由塔顶进入未反应 C_4 罐（V301）中，由未反应 C_4 泵（P301A/B）送往罐区。

4. 甲醇回收单元

甲醇塔（C302）来自萃取塔（C301）塔底的富含 7% 甲醇的萃取水溶液，经甲醇塔进料-萃取水换热器（E302A/B）换热升温至 84℃ 后进入甲醇塔（C302）中部。甲醇塔（C302）塔顶馏出的合格甲醇，经甲醇塔冷凝器（E303）冷凝至 50℃，进入甲醇塔顶回流罐（V303），冷凝液用甲醇塔回流泵（P303A/B）抽出，其中大部分作为回流送入甲醇塔（C302）顶部，少部分送至甲醇原料罐闭路循环使用。甲醇塔（C302）塔底排出物为基本不含甲醇的水，首先经甲醇塔进料换热器（E302A/B）进料换热，再由萃取水泵（P304A/B）加压并经萃取水冷却器（E301A/B）冷却至 40℃ 后，送至水洗塔（C301）顶部作为萃取剂。甲醇塔（C302）底部设有甲醇塔重沸器（E304）。催化蒸馏塔、甲醇回收塔的热源均为 1.0MPa 蒸汽。

（二）生产工艺参数

甲基叔丁基醚生产装置主要设备及生产工艺参数见表 2-1、表 2-2。

表 2-1　甲基叔丁基醚生产装置的主要设备

序　号	位　号	名　　称
1	R101A	净化器 A
2	R101B	净化器 B
3	R201	预反应器
4	C201	催化蒸馏塔
5	C301	萃取塔
6	C302	甲醇塔
7	E101	预热器
8	E202	催化蒸馏塔进料换热器
9	E203	催化蒸馏塔冷凝器
10	E204	催化蒸馏塔重沸器
11	E205A/B	萃取塔进料冷却器
12	E206	MTBE 冷却器
13	E301A/B	萃取水冷却器
14	E302A/B	甲醇塔进料热换器
15	E303	甲醇塔冷凝器
16	E304	甲醇塔重沸器
17	V101	C_4 罐
18	V102A/B	甲醇原料罐
19	V103A/B	开停工回收罐
20	V104	甲醇净化罐
21	V201	催化蒸馏塔回流罐
22	V301	未反应 C_4 罐
23	V302	闪蒸罐
24	V303	甲醇塔顶回流罐
25	M101	静态混合器
26	P101A/B	C_4 泵
27	P102A/B	甲醇泵
28	P201A/B	催化蒸馏塔回流泵
29	P301A/B	未反应 C_4 泵
30	P302A/B	甲醇塔进料泵
31	P303A/B	甲醇塔回流泵
32	P304A/B	萃取水泵

表 2-2　甲基叔丁基醚生产装置主要设备生产工艺参数

序　号	名　　称	项　目	单　位	指　标	分　级
1		醇烯比（摩尔比）		1.1～1.15	装置级
2		入口温度	℃	35～45	装置级
3	预反应器 R201	操作压力	MPa	0.7～1.1	装置级
4		出口温度	℃	70～80	装置级
5		转化率	%	>90	装置级

续表

序号	名　称	项　目	单位	指标	分级
6	催化蒸馏塔 C201	C201 塔顶回流比		1	装置级
7		C201 塔顶温度	℃	63	装置级
8		C201 塔底温度	℃	135.1	装置级
9		C201 塔顶回流温度	℃	58.7	装置级
10		C201 塔顶压力	MPa	0.70	装置级
11		C201 塔底压力	MPa	0.75	装置级
19	萃取塔 C301	C301 温度	℃	40	装置级
20		C301 塔顶压力	MPa	0.5	装置级
21		C301 塔底压力	MPa	0.55	装置级
22	甲醇塔 C302	C302 塔顶温度	℃	81.8	装置级
23		C302 塔底温度	℃	124	装置级
24		C302 回流温度	℃	40	装置级
25		灵敏点温度	℃	115~125	装置级
26		C302 塔顶压力	MPa	0.1	装置级
27		C302 塔底压力	MPa	0.15	装置级
28		回流比		10	装置级

（三）仪表列表

甲基叔丁基醚生产装置主要仪表及相关参数见表 2-3。

表 2-3　甲基叔丁基醚生产装置主要仪表及相关参数

序号	仪表号	描　述	单　位	正常值	量程
1	TICA1203	反应进料至 R101A/B 温度指示调节	℃	40	0~100
2	TIC2116A	催化蒸馏塔 C201 温度指示调节	℃	115	0~200
3	TIC2116B	催化蒸馏塔 C201 温度指示调节	℃	120	0~200
4	TIC2116C	催化蒸馏塔 C201 温度指示调节	℃	125	0~200
5	TIC2122	E206 壳程出口温度指示调节	℃	40	0~100
6	TIC3105	萃取塔 C301 塔顶回流温度指示调节	℃	40	0~100
7	TIC3106	甲醇塔 C302 塔底回流温度指示调节	℃	125	0~200
8	PIC2101	预反应器 R201 塔顶出口压力指示调节	MPa	0.75	0~1.6
9	PIC2102	蒸馏塔 C201 塔顶出口压力指示调节	MPa	0.70	0~1.6
10	PIC3101	萃取塔 C301 塔顶压力指示调节	MPa	0.50	0~1.0
11	PIC3102	甲醇塔 C302 塔顶压力指示调节	MPa	0.10	0~0.4
12	FIC1201	V104 补充甲醇流量指示调节	kg/h	0	0~500
13	FIC2101	催化蒸馏塔 C201 塔顶回流流量指示调节	kg/h	16571	0~40000
14	FIC2102	催化蒸馏塔重沸器 E204 管程入口蒸汽流量指示调节	kg/h	8069	0~12000
15	FIC2103	未反应 C_4 去 C301 流量指示调节	kg/h	26928	0~40000
16	FIC3101	萃取塔 C301 塔底出口流量指示调节	kg/h	9628	0~15000
17	FIC3102	甲醇塔进料泵 P302A/B 出口流量指示调节	kg/h	9564	0~15000
18	FIC3103	萃取水泵 P304A/B 出口流量指示调节	kg/h	9009	0~15000
19	FIC3104	甲醇塔重沸器 E304 管程入口蒸汽流量指示调节	kg/h	4156	0~6000

续表

序号	仪表号	描　　述	单　位	正常值	量　程
20	FIC3105	甲醇塔 C302 塔顶回流流量指示调节	kg/h	3981	0～8000
21	LICA1101	V101 液位指示调节高低限报警	%	50	0～100
22	LICA1102A	V102A 液位指示调节高低限报警	%	50	0～100
23	LICA1102B	V102B 液位指示调节高低限报警	%	50	0～100
24	LICA2101	催化蒸馏塔 C201 液位指示调节高低限报警	%	50	0～100
25	LICA2102	催化蒸馏塔回流罐 V201 液位指示调节高低限报警	%	50	0～100
26	LICA3101	萃取塔 C301 界位指示调节高低限报警	%	50	0～100
27	LICA3102	甲醇塔 C302 液位指示调节高低限报警	%	50	0～100
28	LICA3103	甲醇塔顶回流罐 V303 液位指示调节高低限报警	%	50	0～100
29	LICA3104	未反应 C_4 罐 V301 液位指示调节高低限报警	%	50	0～100
30	LICA3105	闪蒸罐 V302 液位指示调节报警	%	50	0～100
31	FIC1102	C_4 泵 P101A/B 出口流量指示调节	kg/h	32616	0～50000
32	FIC1103	甲醇泵 P102A/B 出口流量指示调节	kg/h	3836	0～6000
33	TI1101	罐区来甲醇温度指示	℃	40	0～100
34	TI1102	气分来混合 C_4 温度指示	℃	40	0～100
35	TI1201	R101A 顶部出口反应进料温度指示	℃	40	0～100
36	TI1202	R101B 顶部出口反应进料温度指示	℃	25	0～100
37	TI2101	预反应器 R201 上部温度指示	℃	75	0～150
38	TI2102	预反应器 R201 温度指示	℃	70	0～150
39	TI2103	预反应器 R201 温度指示	℃	60	0～150
40	TI2104	预反应器 R201 温度指示	℃	50	0～150
41	TI2105	预反应器 R201 底部温度指示	℃	40	0～150
42	TI2106	预反应器 R201 顶部出口温度指示	℃	75	0～150
43	TI2107	催化蒸馏塔 C201 进料温度指示	℃	76.8	0～150
44	TI2108	催化蒸馏塔 C201 塔顶温度指示	℃	63	0～100
45	TI2109	催化蒸馏塔 C201 温度指示	℃	65	0～100
46	TI2110	催化蒸馏塔 C201 温度指示	℃	68	0～200
47	TI2111	催化蒸馏塔 C201 温度指示	℃	70	0～200
48	TI2112	催化蒸馏塔 C201 温度指示	℃	73	0～200
49	TI2113	催化蒸馏塔 C201 温度指示	℃	75	0～200
50	TI2114	催化蒸馏塔 C201 温度指示	℃	80	0～200
51	TI2115	催化蒸馏塔 C201 温度指示	℃	90	0～200
52	TI2117	催化蒸馏塔 C201 温度指示	℃	110	0～200
53	TI2118	催化蒸馏塔 C201 温度指示	℃	135.1	0～200
54	TI2119	C201 塔底出口温度指示	℃	135.1	0～200
55	TI2120	E202 管程出口温度指示	℃	40	0～150
56	TI2121	V201 进料温度指示	℃	58.7	0～100
57	TI2123	MTBE 去罐区温度指示	℃	40	0～100
58	TI2124	C201 塔底回流返塔口温度指示	℃	136	0～200
59	TI2125	C201 补充甲醇进料温度指示	℃	25	0～100
60	TI3101	萃取塔 C301 进料温度指示	℃	40	0～100

续表

序号	仪表号	描 述	单 位	正常值	量 程
61	TI3102	萃取塔 C301 温度指示	℃	41	0~100
62	TI3103	萃取塔 C301 塔底出口温度指示	℃	41	0~100
63	TI3104	萃取塔 C301 塔顶出口温度指示	℃	40.5	0~100
64	TI3107	C302 进料温度指示	℃	75	0~150
65	TI3108	甲醇塔 C302 底出口温度指示	℃	124	0~200
66	TI3109	V303 甲醇入口温度指示	℃	40	0~150
67	TI3110	C302 塔顶回流温度指示	℃	40	0~150
68	TI3111	C302 塔顶出口温度指示	℃	81.8	0~150
69	TI3112	E301A/B 壳程入口温度指示	℃	69.1	0~150
70	TI3113	未反应 C4 至罐区温度指示	℃	40.5	0~100
71	TI4101	装置外来 1.0MPa 蒸汽温度指示	℃	250	0~400
72	PI2103	催化蒸馏塔 C201 塔顶压力指示	MPa	0.70	0~1.6
73	PI2104	催化蒸馏塔 C201 中部压力指示	MPa	0.725	0~1.6
74	PI2105	催化蒸馏塔 C201 塔底压力指示	MPa	0.75	0~1.6
75	PI2106	预反应器 R201 底部入口压力指示	MPa	1.10	0~1.6
76	PI2107	V201 压力指示	MPa	0.65	0~1.6
77	PI3103	萃取塔 C301 底部压力指示	MPa	0.70	0~1.0
78	PI3104	甲醇塔 C302 底部压力指示	MPa	0.13	0~0.4
79	PI3105	V303 压力指示	MPa	0.05	0~0.1
80	PI4101	装置外来净化风压力指示	MPa	0	0~1.0
81	PI4102	装置外来 1.0MPa 蒸汽压力指示	MPa	1.0	0~1.6
82	FIQ4101	装置外来净化风流量指示累计	m³/h	0	0~180
83	FIQ4102	装置外来 1.0MPa 蒸汽流量指示累计	kg	12225	0~18000
84	LIA1103A	V103A 液位指示高低限报警	%	0	0~100
85	LIA1103B	V103B 液位指示高低限报警	%	0	0~100
86	FIQ1101	自罐区来甲醇流量指示累积	kg/h	3267	0~5000
87	FIQ1104	自气分来混合 C4 流量指示累积	kg/h	32616	0~50000
88	FIQ2104	MTBE 去罐区流量指示累积	kg/h	9524	0~15000
89	FIQ3106	循环甲醇去 V102A 流量指示累积	kg/h	569	0~3000
90	FIQ3107	C4 馏分去罐区流量指示累积	kg/h	26309	0~40000
91	FIQ4103	装置外来循环冷水流量指示累计	kg/h	584687	0~800000

（四）巡检站点及巡检内容

甲基叔丁基醚生产车间共有五个巡检站，分别是 MTBE 装置机泵管廊区、MTBE 装置催化蒸馏塔区、MTBE 装置原料罐区、MTBE 装置催化蒸馏塔顶、MTBE 装置甲醇塔顶。每个巡检站都有要求的巡视检查的内容。生产过程中，外操要对上述五个巡检站逐一认真检查，及时发现生产中存在的问题，确保生产安全平稳运行。

1. 巡检第一站

站点名称：MTBE 装置机泵管廊区（原料 P101A）

巡检要点：

① 检查重点包括高速泵在内的所有运行泵是否正常。

② 检查机泵的出口压力、机泵润滑、电流、轴承温度运行情况。

③ 检查备用泵的盘车情况。

④ 检查所有机泵循环水冷却、地漏是否通畅。

2. 巡检第二站

站点名称：MTBE 装置催化蒸馏塔区（催化蒸馏塔重沸器 E204）

巡检要点：

① 检查装置南 E101 至北 E304 所有的换热器阀门是否泄漏。

② 检查冬季防冻防凝情况。

③ 检查各换热器油品介质的出入口温度是否正常。

3. 巡检第三站

站点名称：MTBE 装置原料罐区（C_4 和甲醇原料罐区）

巡检要点：

① 检查两个原料罐现场液位是否与远传一致。

② 检查原料罐的压力及安全阀是否正常。

③ 检查原料罐采样点有无泄漏。

④ 检查原料罐消防器材是否正常。

4. 巡检第四站

站点名称：MTBE 装置催化蒸馏塔顶（催化蒸馏塔顶）

巡检要点：

① 检查催化蒸馏塔塔壁各阀门是否正常。

② 检查催化蒸馏塔各段的压力表、温度表指示是否正常。

③ 检查塔顶安全阀后路是否畅通。

④ 检查塔的消防蒸汽是否正常。

5. 巡检第五站

站点名称：MTBE 装置甲醇塔顶（甲醇塔顶）

巡检要点：

① 检查甲醇塔塔壁各阀门是否正常。

② 检查甲醇塔各段的压力表、温度表指示是否正常。

③ 检查塔顶安全阀后路是否畅通。

④ 检查塔的消防蒸汽是否正常。

二、生产实习运行平台操作

（一）启动方式

在"实习项目"中找到甲基叔丁基醚装置生产实习仿真培训软件，点击"开始实习"

图标，如图 2-1 所示，将进入生产实习软件界面。

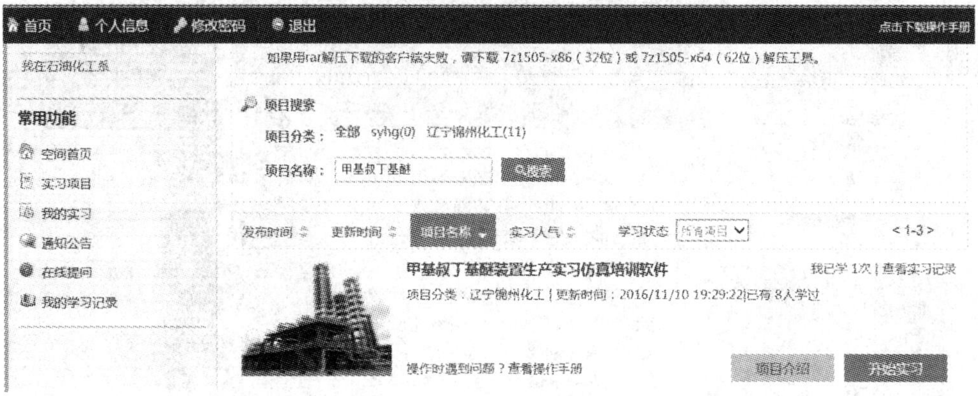

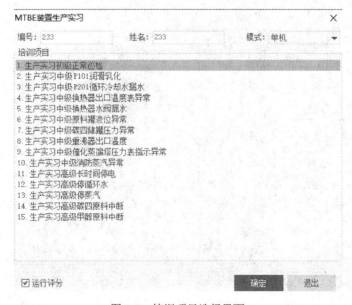

图 2-1　软件图标

　　进入生产实习后，在 15 个训练项目中可以选择要参加培训的项目，点击"确定"，将进入所选择的培训项目，培训项目选择界面如图 2-2 所示。当某一项目结束后需要切换另一个培训项目，可以进行项目切换。点击人形图标，出现下拉菜单，在"选择项目"中进行项目切换，培训项目切换界面如图 2-3 所示。

　　在软件的右下角设置了具有定位、地图、视角、查找和对讲机等功能的图标。点击图标将会出现相应界面，帮助学习。以定位图标为例，点击后出现图 2-4 所示界面，学习者可以定位到指定区域。以查找功能为例，输入要查询的设备代号，学习者的头顶会出现一个红色箭头，指示所查询设备方向，同时提示学习者所在的位置与要查询的设备之间的距离，帮助学习者尽快找到设备，查找提示界面如图 2-5 所示。

图 2-2　培训项目选择界面

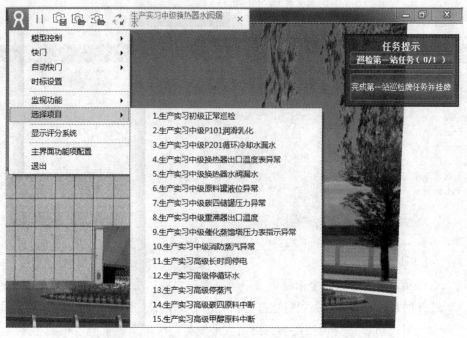

图 2-3　培训项目切换界面

图 2-4　定位图标界面

图 2-5　查找提示界面

（二）主场景介绍

在主场景中，操作者可控制角色移动、浏览场景、操作设备等。操作结果可通过数据库与 PISP 仿真软件关联，经过数学模型计算，将数据变化情况在 DCS 系统或是在 3D 现场仪表上显示出来。

1．移动方式

①　按住 W、S、A、D 键可控制当前角色向前后左右移动。

②　按住鼠标左键可进行视角上下左右移动。

③　点击 R 键或功能按钮中"走跑切换"按钮可控制角色进行走、跑切换。

④　鼠标右键点击一个地点，当前角色可瞬移到该位置。滚动鼠标滚轮向前或者向后，可调整视角与角色之间的距离。

2．操作阀门

当控制角色移动到目标阀门附近时，鼠标悬停在阀门上，此阀门会闪烁，代表可以操作阀门；如果距离较远，即使将鼠标悬停在阀门位置，阀门也不会闪烁，代表距离太远，不能操作。阀门操作信息在小地图上方区域即时显示，同时显示在消息框中。

①　左键双击闪烁阀门，可进入操作界面，切换到阀门近景。

②　在操作界面上方有操作框，点击后进行开关操作，同时阀门手轮或手柄会相应转动。

③　按住上下左右方向键，可调整摄像机以当前阀门为中心进行上下左右的旋转。

④　滑动鼠标滚轮，可调整摄像机与当前阀门的距离。

⑤　单击右键，退出阀门操作界面。

3．拾取物品

鼠标双击可拾取的物品，则该物品装备到装备栏中，个别物品也可直接装备到角色身上。

（三）其他说明

评分界面图标释义

◎ S28	╳0.5000	N₂/燃料气系统投用

为小组步骤标题。

◎ 表示满足操作条件但未操作。

⟍ 表示满足操作条件且操作完成。

◉ 表示未满足操作条件且未操作。

▤ 表示选择操作项，步骤内的操作二选一即可。

⬜ 为仪表控制未达到指定数值图标。

▦ 为仪表控制达到指定数值图标。

三、生产实习初级指导

正常巡检是石化企业生产操作工外操岗位的主要任务之一，生产实习初级的任务是使学生熟悉甲基叔丁基醚生产装置的正常巡检路线，熟悉和掌握巡检路线上每一站的主要检查内容，熟悉岗位生产设备的日常维护和检查等相关知识，学会判断装置现场是否存在问题，并做好记录。

启动生产实习初级正常巡检培训项目后，出现图2-6所示界面。点击右上方任务提示，会出现本站的巡检内容提示，帮助进入生产装置进行巡检，任务提示见图2-7。

图2-6　生产实习初级正常巡检界面

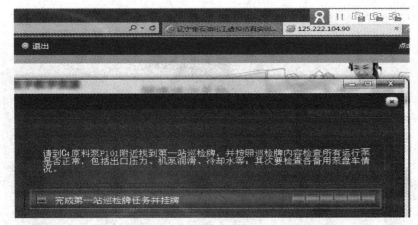

图 2-7 生产实习初级正常巡检任务提示界面

（一）巡检第一站

巡检具体内容如下：

① 泵 P101A 运行是否正常。

② 泵 P101A 出口压力是否正常。

③ 泵 P101B 是否正常。

④ 泵 P102A 运行是否正常。

⑤ 泵 P102A 出口压力是否正常。

⑥ 泵 P102B 是否正常。

⑦ 泵 P201A 运行是否正常。

⑧ 泵 P201A 出口压力是否正常。

⑨ 泵 P201B 是否正常。

⑩ 泵 P301A 运行是否正常。

⑪ 泵 P301A 出口压力是否正常。

⑫ 泵 P301B 是否正常。

⑬ 泵 P302A 运行是否正常。

⑭ 泵 P302A 出口压力是否正常。

⑮ 泵 P302B 是否正常。

⑯ 泵 P303A 运行是否正常。

⑰ 泵 P303A 出口压力是否正常。

⑱ 泵 P303B 是否正常。

⑲ 泵 P304A 运行是否正常。

⑳ 泵 P304A 出口压力是否正常。

㉑ 泵 P304B 是否正常。

㉒ 巡检岗位第一站检查完毕挂牌。

软件中巡检第一站站牌见图2-8。

图 2-8　巡检第一站站牌

（二）巡检第二站

巡检具体内容如下：

① 检查换热器 E206 是否正常。

② 检查换热器 E101 是否正常。

③ 检查换热器 E204 是否正常。

④ 检查换热器 E202 是否正常。

⑤ 检查换热器 E202 出口温度是否正常。

⑥ 检查换热器 E205 是否正常。

⑦ 检查换热器 E203 是否正常。

⑧ 检查换热器 E301 是否正常。

⑨ 检查换热器 E302 是否正常。

⑩ 检查换热器 E303 是否正常。

⑪ 检查换热器 E304 是否正常。

⑫ 检查换热器 E304 出口温度是否正常。

⑬ 检查软管站 1 蒸汽放空是否正常。

⑭ 检查软管站 2 蒸汽放空是否正常。

⑮ 巡检岗位第二站检查完毕挂牌。

软件中巡检第二站站牌见图2-9。

图 2-9 巡检第二站站牌

（三）巡检第三站

巡检具体内容如下：

① 检查 C_4 储罐液位与远传是否一致。

② 检查 C_4 储罐压力是否正常。

③ 检查 C_4 储罐安全阀是否正常。

④ 检查 C_4 储罐有无泄漏。

⑤ 检查甲醇储罐液位与远传是否一致。

⑥ 检查甲醇储罐有无泄漏。

⑦ 巡检岗位第三站检查完毕挂牌。

软件中巡检第三站站牌见图 2-10。

（四）巡检第四站

巡检具体内容如下：

① 检查催化蒸馏塔塔壁阀门 1 是否正常。

② 检查催化蒸馏塔塔壁阀门 2 是否正常。

③ 检查催化蒸馏塔塔壁阀门 3 是否正常。

④ 检查催化蒸馏塔塔底段压力表指示是否正常。

⑤ 检查催化蒸馏塔塔底段温度表指示是否正常。

⑥ 检查催化蒸馏塔进料段压力表指示是否正常。

⑦ 检查催化蒸馏塔进料段温度表指示是否正常。

⑧ 检查催化蒸馏塔塔顶段压力表指示是否正常。

⑨ 检查催化蒸馏塔塔顶段温度表指示是否正常。

⑩ 检查塔顶安全阀是否正常。

图 2-10　巡检第三站站牌

软件中巡检第四站站牌见图 2-11。

（五）巡检第五站

巡检具体内容如下：

① 检查甲醇塔塔壁阀门 1 是否正常。

② 检查甲醇塔塔壁阀门 2 是否正常。

③ 检查甲醇塔塔壁阀门 3 是否正常。

④ 检查甲醇塔塔底段压力表指示是否正常。

⑤ 检查甲醇塔塔底段温度表指示是否正常。

⑥ 检查甲醇塔塔顶段压力表指示是否正常。

⑦ 检查甲醇塔塔顶段温度表指示是否正常。

⑧ 检查塔顶安全阀是否正常。

⑨ 第五站检查完毕挂牌。

图 2-11　巡检第四站站牌

软件中巡检第五站站牌见图 2-12。

图 2-12　巡检第五站站牌

生产实习初级的正常巡检过程各点检查完毕后，需要报告装置是否运行正常。点击设备，出现汇报界面，如果生产正常，则点击"正常"两字，字体颜色变成绿色，确定报告完毕。以 P304B 为例，报告界面如图 2-13 所示。生产实习初级的正常巡检过程完成的情况可以通过评分系统查看，巡检结果以分数形式给出，查看评分及具体步骤可以了解自己巡检中是否遗漏某些巡检点，评分界面如图 2-14 所示。生产实习中级和高级完成情况同理也可以通过评分系统查看。

图 2-13　生产实习初级正常巡检报告界面

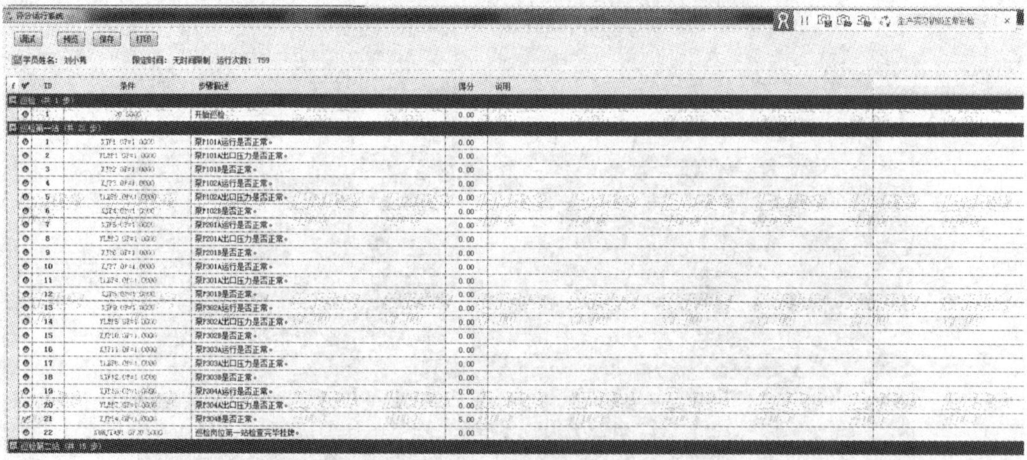

图 2-14　生产实习初级正常巡检评分界面

四、生产实习中级指导

生产实习中级的任务是学生在熟悉甲基叔丁基醚生产装置的正常巡检路线以及每一

站主要检查内容的基础上，根据岗位生产要求，能够在巡检过程中发现装置现场存在的异常问题，并做好记录和汇报。软件所设置的主要异常问题包括泵润滑油乳化、泵的循环冷却水漏水、换热器出口温度表异常、换热器水阀漏水、罐液位异常、罐压力异常、重沸器出口温度低、塔压力表指示异常、消防蒸汽异常。

当巡检过程中发现某个异常现象出现时，需要巡检人员在软件上出现问题的部位进行点击操作，弹出"正常""异常"界面，巡检人员点击"异常"即完成异常情况报告。以萃取塔进料冷却器水阀漏水为例，阀门异常泄漏现象如图 2-15 所示，汇报界面如图 2-16 所示。

图 2-15　阀门异常泄漏现象

图 2-16　异常现象汇报界面

五、生产实习高级指导

软件中生产实习高级部分设置有长时间停电、停循环水、停蒸汽、C₄原料中断、甲醇原料中断等生产过程中容易出现的异常问题，利用本软件进行操作训练，能够学习事故的处理方法。生产实习高级可以进行生产中角色设定，由设定的内外操进行配合，分别完成 DCS 操作和装置现场操作任务，共同协作完成生产中某一异常问题的处理。

（一）长时间停电

操作步骤如下：

① 关闭 FIC2102，停止给 C201 塔釜加热。

② 关闭 FIC3104 控制阀，停止给 C302 塔釜加热。

③ 打开 VI5V101，引气分来 C₄去罐区。

④ 关闭碳四去 V101 阀。

⑤ 关闭甲醇进装置阀。

⑥ 关闭 P304 前脱盐水入口阀。

⑦ 关闭 V102A 的进料液控阀 LV1102。

⑧ 关闭 PIC2101，切断 R201 与 C201。

⑨ 关闭 LV2101，停止 C201 出料。

⑩ 关闭 C201 回流流量调节阀 FV2101。

⑪ 关闭 FV2103，隔离 V201 与 C301。

⑫ 关闭 PIC3101，C301 停止出未反应 C₄。

⑬ 关闭 C301 塔底出料阀，隔离 C301。

⑭ 关闭 P302 后流量控制阀 FV3102。

⑮ 关闭 P304 后流量控制阀 FV3103。

⑯ 关闭 FV3105，停止 C302 回流。

⑰ 关闭 LV3104，停止 V301 出料。

⑱ 关闭 LV3103，停止循环甲醇去 V102。

⑲ 关闭 P101 后流量控制阀。

⑳ 关闭 P102 后流量控制阀。

㉑ 关闭 P101A 的后阀。

㉒ 关闭 P102A 的后阀。

㉓ 关闭 P201A 的后阀。

㉔ 关闭 P301A 的后阀。

㉕ 关闭 P302A 的后阀。

㉖ 关闭 P303A 的后阀。

㉗ 关闭 P304A 的后阀。

㉘ 关闭 P301 去 C₄ 罐区阀。

㉙ 关闭 MTBE 出装置阀。

㉚ 关闭 E101 凝结水入口阀。

㉛ 全开 TIC1203，引凝结水全走 E101 旁路出装置。

参数控制要求如下：

① R201 床层温度大于 80℃扣分。

② C201 反应床层温度大于 80℃扣分。

③ R201 压力超过 0.85MPa 扣分。

④ C201 压力超过 0.8MPa 扣分。

⑤ C301 压力超过 0.6MPa 扣分。

⑥ C302 压力超过 0.2MPa 扣分。

（二）停循环水

操作步骤如下：

① 关闭 FIC2102，停止给 C201 塔釜加热。

② 关闭 FIC3104 控制阀，停止给 C302 塔釜加热。

③ 关闭 FIC3103，停止向 C301 回流循环水。

④ 关闭 FIC2103，隔离 C201。

⑤ 关闭 E101 凝结水入口阀。

⑥ 全开 TIC1203，引凝结水全走 E101 旁路出装置。

⑦ 打开 VI5V101，引气分来 C₄ 去未反应 C₄ 罐区。

⑧ 关闭 C₄ 进 C₄ 罐阀。

⑨ 关闭甲醇进装置阀。

⑩ 关闭 P101A 的后阀。

⑪ 停泵 P101A。

⑫ 关闭 P101 后流量控制阀。

⑬ 关闭 P102A 的后阀。

⑭ 停泵 P102A。

⑮ 关闭 P102 后流量控制阀。

⑯ 关闭 V102 甲醇进料液控阀。

⑰ 关闭 PIC2101，切断 R201 与 C201。

⑱ 关闭 LV2101，停止 C201 出料。

⑲ 关闭 FIC3101，停止 C301 向 V302 出料。

⑳ 关闭 PIC3101，隔离 C301 与 V301。

㉑ 关闭脱盐水入口阀。

㉒ 关闭 P301A 的后阀。

㉓ 停泵 P301A。

㉔ 关闭 P301 后 V301 液控阀。

㉕ 关闭 P302A 的后阀。

㉖ 停泵 P302A。

㉗ 关闭 P302 后流量调节阀。

㉘ 关闭 P303A 的后阀。

㉙ 停泵 P303A。

㉚ 关闭 LV3103，隔离 C302。

㉛ 关闭 C302 回流流量控制阀。

㉜ 关闭 P304A 的后阀。

㉝ 停泵 P304A。

㉞ 关闭 P301 去罐区阀。

㉟ 关闭 MTBE 出装置阀。

㊱ 关闭 P201A 的后阀。

㊲ 停泵 P201A。

㊳ 关闭 C201 回流流量控制阀。

参数控制要求如下：

① R201 床层温度大于 80℃扣分。

② C201 反应床层温度超过 80℃扣分。

③ C302 塔顶温度超过 85℃扣分。

④ R201 压力超过 0.85MPa 扣分。

⑤ C201 压力超过 0.8MPa 扣分。

⑥ C301 压力超过 0.7MPa 扣分。

⑦ C302 压力超过 0.2MPa 扣分。

（三）停蒸汽

操作步骤如下：

① 打开 VI5V101，引气分来 C_4 去未反应 C_4 罐区。

② 关闭 C_4 进 C_4 罐阀。

③ 关闭甲醇进装置阀。

④ 关闭 P101A 的后阀。

⑤ 停泵 P101A。

⑥ 关闭泵 P101 后流量调节阀。

⑦ 关闭 P102A 的后阀。

⑧ 停泵 P102A。

⑨ 关闭 P102 后流量调节阀。

⑩ 关闭甲醇进料 V102 液控阀。

⑪ 关闭 PIC2101，切断 R201 与 C201。

⑫ 关闭 P201A 的后阀。

⑬ 停泵 P201A。

⑭ 关闭 P201 后回流流量调节阀。

⑮ 关闭 LV2101，停止 C201 出料。

⑯ 关闭 FIC2103，隔离 C201。

⑰ 关闭 FIC3101，停止 C301 向 V302 出料。

⑱ 关闭 PIC3101，隔离 C301 与 V301。

⑲ 关闭脱盐水入口阀。

⑳ 关闭 P301A 的后阀。

㉑ 停泵 P301A。

㉒ 关闭 P301 后 V301 液位调节阀。

㉓ 关闭 P302A 的后阀。

㉔ 停泵 P302A。

㉕ 关闭 P302 后流量调节阀。

㉖ 关闭 P304A 的后阀。

㉗ 停泵 P304A。

㉘ 关闭 FIC3103，停止向 C301 回流循环水。

㉙ 关泵 P303A 的后阀。

㉚ 停泵 P303A。

㉛ 关闭 P303 后回流流量调节阀。

㉜ 关闭 LV3103，隔离 C302。

㉝ 关闭 P301 去罐区阀。

㉞ 关闭 MTBE 出装置阀。

㉟ 关闭 C201 塔底再沸器蒸汽流量控制阀 FIC2102。

㊱ 关闭 C201 塔底再沸器蒸汽流量控制阀 FIC3104。

㊲ 关闭 E101 凝结水入口阀。

㊳ 全开 TIC1203，引凝结水全走 E101 旁路出装置。

参数控制要求如下：

① V201 液位小于 20%扣分。

② V303 液位小于 20%扣分。

③ V301 液位小于 20%扣分。

（四）C_4 原料中断

操作步骤如下：

① 关闭 C_4 进装置阀。

② 关闭甲醇进装置阀。

③ 关闭 P101A 的后阀。

④ 停泵 P101A。

⑤ 关闭 P102A 的后阀。

⑥ 停泵 P102A。

⑦ 关闭 P101 后流量控制阀。

⑧ 关闭 P102 后流量控制阀。

⑨ 关闭 PIC2101，切断 R201 与 C201。

⑩ 关闭 LV2101，停止 C201 出料。

⑪ 关闭 FIC2103，隔离 C201，使 C201 实现全回流。

⑫ 关闭 PIC3101，隔离 C301 与 V301。

⑬ 关闭 P301A 的后阀。

⑭ 停泵 P301A。

⑮ 关闭 V301 液位控制阀。

⑯ 关闭 LV3103，停止 V303 出循环甲醇去 V102。

⑰ 关闭脱盐水入口阀。

⑱ 关闭未反应 C_4 去罐区阀。

⑲ 关闭 MTBE 出装置阀。

⑳ 关闭 E101 凝结水入口阀。

㉑ 全开 TIC1203，引凝结水全走 E101 旁路。

参数控制要求如下：

① R201 床层温度大于 80℃扣分。

② C201 反应床层温度大于 80℃扣分。

③ R201 压力超过 0.85MPa 扣分。

④ C201 压力超过 0.8MPa 扣分。

⑤ C301 压力超过 0.6MPa 扣分。

⑥ C302 压力超过 0.2MPa 扣分。

⑦ V201 液位超过 80%扣分。

（五）甲醇原料中断

操作步骤如下：

① 打开 VI5V101，引气分来 C_4 去未反应 C_4 罐区。

② 关闭 C_4 进 V101 阀。

③ 关闭甲醇进装置阀。

④ 关泵 P101A 的后阀。

⑤ 停泵 P101A。

⑥ 关闭 P102A 的后阀。

⑦ 停泵 P102A。

⑧ 关闭 P101 泵后流量控制阀。

⑨ 关闭 P102 泵后流量控制阀。

⑩ 关闭 PIC2101，切断 R201 与 C201。

⑪ 关闭 LV2101，停止 C201 出料。

⑫ 关闭 FIC2103，隔离 C201，C201 全回流。

⑬ 关闭 PIC3101，隔离 C301 与 V301。

⑭ 关闭 P301A 的后阀。

⑮ 停泵 P301A。

⑯ 关闭 V301 液位控制阀。

⑰ 关闭 LV3103，停止 V303 出循环甲醇去 V102。

⑱ 关闭脱盐水入口阀。

⑲ 关闭未反应 C_4 去罐区阀。

⑳ 关闭 MTBE 出装置阀。

㉑ 关闭 E101 凝结水入口阀。

㉒ 全开 TIC1203，引凝结水全走 E101 旁路出装置。

参数控制要求如下：

① R201 床层温度大于 80℃ 扣分。

② C201 反应床层温度大于 80℃ 扣分。

③ R201 压力超过 0.85MPa 扣分。

④ C201 压力超过 0.8MPa 扣分。

⑤ C301 压力超过 0.6MPa 扣分。

⑥ C302 压力超过 0.2MPa 扣分。

⑦ V201 液位超过 80% 扣分。

六、生产实习仿 DCS 操作画面

生产实习的仿 DCS 流程图画面如图 2-17～图 2-20 所示。

序　号	说　　明	对　应　图
1	MTBE 总貌 DCS 图	图 2-17
2	进料反应系统 DCS 图	图 2-18
3	甲醇回收系统 DCS 图	图 2-19
4	公用工程 DCS 图	图 2-20

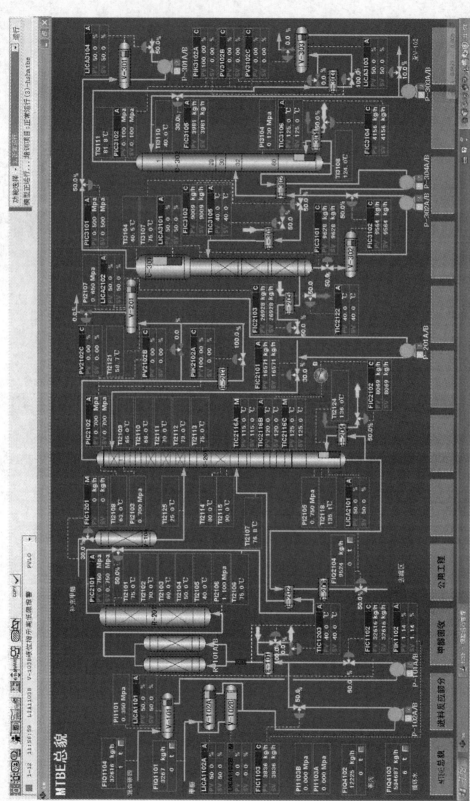

图 2-17　MTBE 总貌 DCS 图

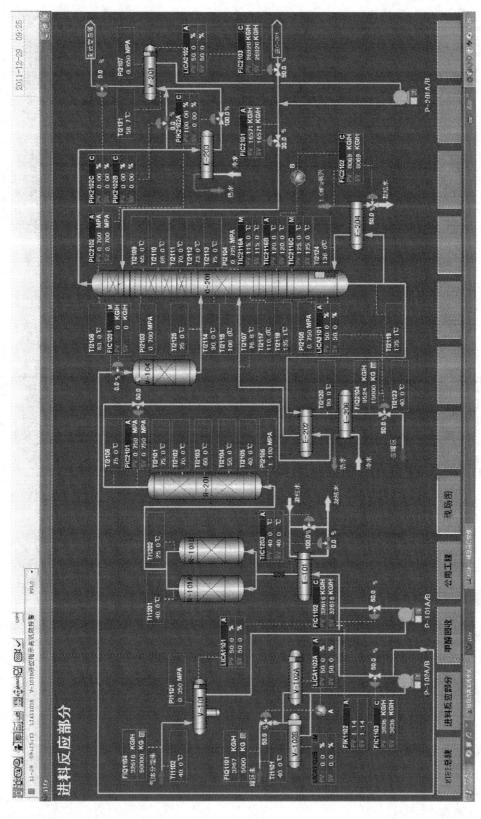

图2-18 进料反应系统 DCS 图

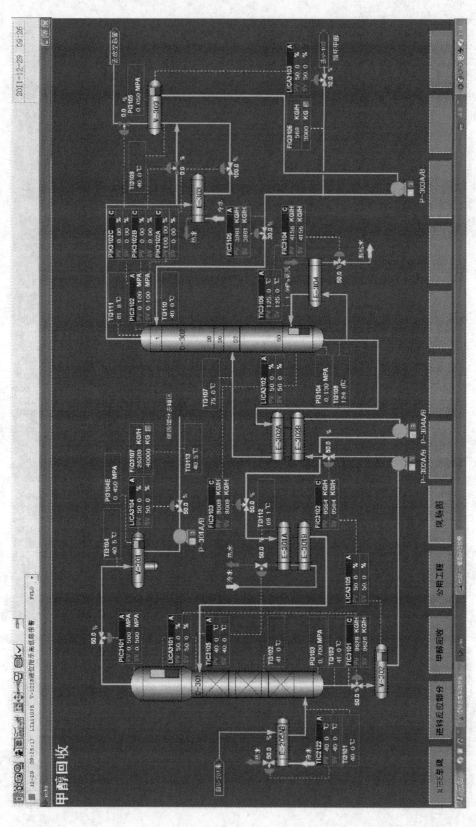

图 2-19　甲醇回收系统 DCS 图

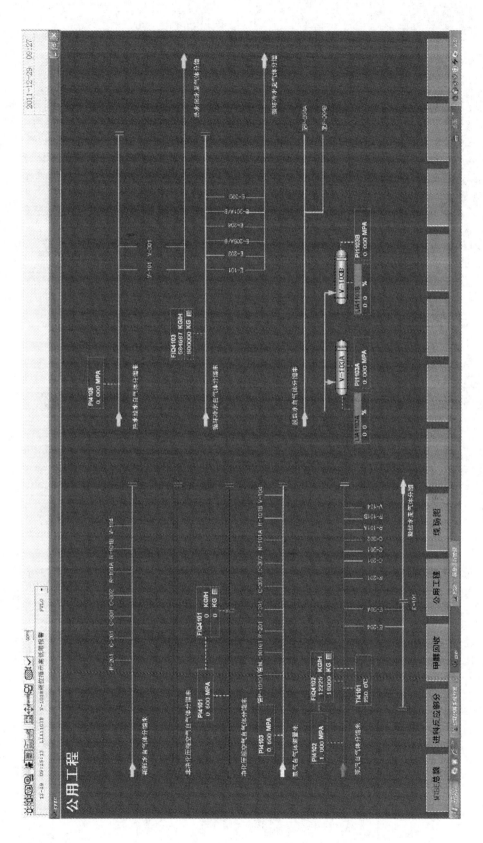

图 2-20　公用工程 DCS 图

顶岗实习

一、仿真软件使用

启动方式:
点击软件图标,如图 3-1 所示。

图 3-1　软件图标

进入顶岗实习后,有正常开车和正常停车两个训练项目,可以选择要参加培训的项目,点击确定,将进入所选择的培训项目,培训项目选择界面如图 3-2 所示。当一个项目

图 3-2　培训项目选择界面

结束后需要切换另一个培训项目，可以进行项目切换。点击人形图标，出现下拉菜单，在"选择项目"中进行项目切换。

二、顶岗实习指导

（一）生产工艺卡片

序号	名称	项目	单位	指标	分级
1	预反应器 R201	醇烯比（摩尔比）		1.1～1.15	装置级
2		入口温度	℃	35～45	装置级
3		操作压力	MPa	0.7～1.1	装置级
4		出口温度	℃	70～80	装置级
5		转化率	%	>90	装置级
6	催化蒸馏塔 C201	C201 塔顶回流比		1	装置级
7		C201 塔顶温度	℃	63	装置级
8		C201 塔底温度	℃	135.1	装置级
9		C201 回流温度	℃	58.7	装置级
10		C201 塔顶压力	MPa	0.70	装置级
11		C201 塔底压力	MPa	0.75	装置级
19	萃取塔 C301	C301 温度	℃	40	装置级
20		C301 塔顶压力	MPa	0.5	装置级
21		C301 塔底压力	MPa	0.55	装置级
22	甲醇塔 C302	C302 塔顶温度	℃	81.8	装置级
23		C302 塔底温度	℃	124	装置级
24		C302 回流温度	℃	40	装置级
25		灵敏点温度	℃	115~125	装置级
26		C302 塔顶压力	MPa	0.1	装置级
27		C302 塔底压力	MPa	0.15	装置级
28		回流比		10	装置级

（二）复杂控制及联锁说明

1．装置主要复杂控制方案

（1）反应器进料甲醇与 C_4 组成的比值调节回路

在 C_4 以及甲醇进料管线上分别设置流量控制回路 FIC1102、FIC1103，二者组成比值调节回路，以 C_4 流量控制回路 FIC1102 为主回路，按甲醇：异丁烯=1.15（摩尔比）配比后进入反应进料预热器。同时 FIC1102 作为副回路与 C_4 罐液位控制回路 LICA1101 组成串级调节。

（2）塔顶压力控制

① 催化蒸馏塔(C201)压力控制　催化蒸馏塔塔顶压力控制回路 PIC2102 分程控制催化蒸馏塔塔顶冷凝器后调节阀 PV2102A、热旁路调节阀 PV2102B 以及放空排火炬调节阀 PV2102C，若塔顶压力升高时开大冷凝器后调节阀的同时关小热旁路调节阀，当两阀分别开、关至全行程时，稳定塔顶压力，塔顶压力仍高时才通过逐渐打开 PV2102C 来保证

塔顶压力稳定；反之亦然。

② 萃取塔(1222-C301)压力控制　为了防止 C_4 在萃取条件下汽化，设置萃取塔压力控制系统。萃取塔压力的设置要高于 C_4 在萃取温度下的饱和蒸气压。

③ 甲醇塔(1222-C302)压力控制　甲醇塔塔顶设置压力控制回路 PIC3102。该回路调节原理同 PIC2102，在此不再赘述。

2．联锁系统说明

甲基叔丁基醚生产装置没有设置联锁系统。

（三）装置操作要点

甲基叔丁基醚生产装置操作过程的主要关键点可以归纳为以下几个方面：根据转化率控制合适的醇烯比和预反应器床层温度，尽量延长催化剂的使用寿命。控制好预反应器压力，为催化蒸馏塔 C201 产品分离创造条件。控制好催化蒸馏塔 C201 的温度和压力，以得到合格的 MTBE 产品。控制好萃取塔 C301 界面及萃取水温度，防止醚后 C_4 携带甲醇。充分回收未反应的甲醇，降低甲醇消耗量。

1．醇烯比

醇烯比是生产中的重要控制指标，适当提高醇烯比有利于提高异丁烯的转化率，并抑制催化剂床层超温，但醇烯比过大，一方面会使甲醇发生缩合反应，副反应增加影响 MTBE 的质量；另一方面过高的醇烯比会使后续系统负荷增大。

控制范围：1.0～1.15

控制目标：1.0～1.15

相关参数：C_4 原料中异丁烯含量

正常调整和异常处理的控制方式如下。

正常调整：

影响因素	调整方法
原料异丁烯含量变化	根据异丁烯在线分析结果做出相应调整

异常处理：

现象	引起异常的原因	异常处理方法
调节阀显示无流量	原料泵不上量、故障	立即启用备用泵，联系钳工处理
调节阀显示无流量	仪表故障	联系仪表工处理

2．预反应进料温度

控制范围：35～45℃

控制目标：35～45℃

控制方式：通过 TIC1203 调节阀调节凝结水（循环水）流量来控制预反应器入口温度。提高反应温度，可提高预反应器的反应深度，但是温度过高反应加剧，放出大量的热，造成催化剂超温，缩短催化剂的使用寿命。

正常操作：

影响因素	调整方法
醇烯比的变化	根据分析结果调整醇烯比
温度调节阀失灵	联系仪表工处理
进料量的变化	平稳进料量

异常处理：

现象	原因	处理方法
预反应器温度高	预热温度高	降低预热温度
	醇烯比偏低	调整醇烯比 1.0～1.15
预反应器温度偏低	预热温度太低	提高预热温度
转化率低	入口温度低	提高预热温度
	催化剂活性降低	更换催化剂

3. 预反应器出口异丁烯转化率低的原因及处理方法

影响因素	调整方法
醇烯比低于设定值	调整甲醇量使醇烯比控制在规定的工艺指标内(1.05±0.05)
预反应器内床层温度低	调整预反应器的进料温度在规定的工艺指标内(30～70℃)
预反应器的压力控制较低	提高预反应器压力在规定的工艺指标内[(1.0±0.2)MPa]
进料量过大，停留时间短	降低预反应器的进料量，增加反应时间
催化剂的活性降低	在预反应后期提高进料温度确保预反应器床层温度控制在(65～75℃)

4. 预反应器出口 TBA(叔丁醇)超标的原因及处理方法

影响因素	处理方法
开工初期反应系统设备和管线有残存水或原料带水严重	开工前将反应系统设备和管线的残存水吹扫干净，同时严格控制原料的含水量
开工初期催化剂本身带水	开工前使用甲醇将催化剂的水脱除在 10%左右
生产中回收甲醇带水严重	调整操作将回收甲醇含水量控制在 0.5%以下

5. 预反应器出口 DIB(异丁烯自聚物)增多的原因及处理方法

影响因素	处理方法
醇烯比小于设定值	将醇烯比控制在设定值(1.15～1.0)
甲醇与原料 C_4 混合不均匀	检查在线混合器是否堵塞

6. 反应器出口 DME(二甲醚)增多的原因及处理方法

影响因素	处理方法
醇烯比大于设定值	将醇烯比控制在设定值(1.15～1.0)
甲醇与原料 C_4 混合不均匀	检查在线混合器是否堵塞

温度是系统热平衡的关键因素，要想保持系统平稳操作，就要严格控制好各点的温度。

7. 催化蒸馏塔进料温度

进料温度决定带入塔内热量的大小和汽化率，进料温度高，塔上部负荷大；进料温度低，塔下部负荷大。进料温度主要取决于催化蒸馏塔产品性质，进料温度的上限是塔顶产品中不携带塔底组分，下限是在进料温度下必须保证塔顶产品完全汽化。

8. 催化蒸馏塔塔顶温度

（1）塔顶温度

塔顶温度控制是通过控制回流温度、回流量实现的。塔顶温度过高表明重组分(MTBE 或 C_5)上升到塔顶，影响塔底 MTBE 产品的收率；塔顶温度低表明回流量过大或是回流温度过低，分离效果差，影响塔底 MTBE 产品质量和正常的操作。

（2）塔顶温度控制与调节

控制范围：55～60℃

控制目标：55℃

相关参数：回流温度

控制方式：通过塔釜温度、塔顶压力、回流温度来调整塔顶温度。

正常调整：

影响因素	调整方法
塔顶压力的变化	通过 PV2102 调整塔顶压力
塔底温度的变化	通过控制塔底温度
进料量的变化	通过调节进料量
回流量的变化	通过 FV2101 调整回流量的大小
冷后温度的变化	通过 PV2102 调节冷后温度

异常情况：

现象	引起异常的原因	异常处理方法
塔顶异丁烯含量高	醇烯比太小	提高醇烯比，催化蒸馏塔补充甲醇
	催化剂失活，反应不完全	更换催化剂
	催化剂床层温度偏低	提高催化剂床层温度
塔顶温度偏高	压力突然升高	降低塔压平衡操作
	塔釜温度过高	降低塔釜温度
	回流量小,冷后温度高	调整回流量，降低冷后温度
	甲醇进料量偏小	增大反应甲醇量
塔顶 MTBE 含量超标	塔顶压力偏低	调节塔顶压力
	回流量小或冷后温度高	调节回流量及冷后温度
	塔釜温度偏高	降低塔釜温度

9. 催化蒸馏塔釜温度

（1）塔底温度

塔底温度主要影响塔底产品质量，塔底温度是由进料温度、塔釜产品组成和重沸器内蒸气的流量、压力和温度决定的。当反应系统醇烯比过大时，容易造成催化蒸馏塔"甲醇落釜"，原因是反应产物中甲醇过多，未与 C_4 形成共沸物而落入塔釜，其与塔釜中的物料形成低沸点共沸物，导致塔釜温度持续下降，严重时造成 MTBE 产品不合格。

（2）塔底温度控制与调节

控制范围：(125±5)℃

控制目标：130℃

相关参数：催化蒸馏塔塔釜温度

控制方式：通过 FIC2102 与 TIC2116A/B/C 串级调节塔底温度，控制塔顶产品质量。

正常调整：

影响因素	调整方法
系统压力的变化	调整系统的压力
进料量变化	检查 P101、P102，排除故障，平稳进料
醇烯比的变化	调整醇烯比
原料组分的变化	根据原料组分，调整醇烯比
回流量的变化	调整回流量
塔底液位的变化	调整塔底液位
调节阀失灵，测量不准	联系仪表工处理

异常处理：

现象	引起异常的原因	异常处理方法
塔底温度偏高	塔底重沸器蒸汽量大	适当减小蒸汽量
	塔顶回流小	调节回流量及回流温度
	进料温度高	适当减小进料温度
	反应物中含 DIB、TBA 多	调节反应进料醇烯比
	塔顶压力高	降低塔顶压力，平稳操作
	塔底温度显示异常	联系仪表工处理
塔釜甲醇含量超标	反应效果差，转化率低	调节温度或更换催化剂
	催化蒸馏塔塔釜温度低	加大塔釜蒸汽量，提高釜温
	醇烯比过大	将醇烯比控制在 1.05～1.15 之间
	回流量过大	减小回流量
	塔顶压力过高	降低塔顶压力

注意：当催化蒸馏塔床层温度大于 80℃时应紧急降温，如处理无效则进入紧急停工状态。催化蒸馏塔塔底温度控制见图 3-3。

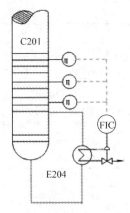

图 3-3 催化蒸馏塔塔底温度控制

10. 催化蒸馏塔塔顶压力

（1）塔顶压力

塔顶压力主要影响塔内物料气速和气液相比例，压力控制的平稳与否直接影响产品质量、系统热平衡和物料平衡，甚至威胁到装置的安全生产。在对塔顶压力进行调节时要进行全面分析，尽量找出影响塔顶压力的主要因素，一般情况下主要有进料温度、回流温度、轻组分含量变化和塔釜温度，并进行准确而合理的调整使操作平稳下来。压力低有利于 C_4 和甲醇汽化，在较低的温度下就可以实现产品分离，压力高，塔内气速相对较小，可以提高塔的处理量。塔顶压力一般由回流罐顶部压力控制系统调节，在进行压力调节时要缓慢，不要过猛，不要随便改变给定值，防止大幅度波动造成冲塔事故。催化蒸馏塔塔顶压力控制见图 3-4。

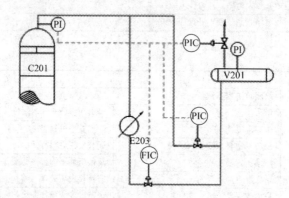

图 3-4　催化蒸馏塔塔顶压力控制

（2）塔顶压力控制与调节

控制范围：0.65～0.70MPa

控制目标：(0.65±0.05)MPa

控制方式：由压力调节阀来控制。

正常调整：

影响因素	调整方法
闭路循环水温度，压力的变化	联系调度调节闭路循环水温度、压力
塔顶冷凝器冷却效果差	必要时检修塔顶冷凝器
进料量变化	调节进料量
进料组分变化	根据实际操作调整操作
塔釜温度发生变化	通过 FIC2102 与 TIC2116 来调节塔釜温度
回流量变化	调整回流量
塔底液位变化	调节塔底采出量，稳定塔底液位
开停工初期系统氮气含量高	回流罐顶放火炬系统
回流罐液位波动	调整回流量和塔顶采出量，调节回流罐液位
调节阀失灵，测量值有误	联系仪表工处理

异常处理：

现象	引起异常的原因	异常处理方法
塔顶压力高	塔内有不凝气	安全阀副线放火炬系统
	塔顶冷凝器换热效果差	清理冷凝器
	塔釜蒸汽量过大	降低塔釜蒸汽量
塔顶压力偏低	塔釜温度低	提高塔釜温度
	凝结水后路不通	畅通凝结水后路
	重沸器结垢严重	清理重沸器
	压力调节阀失灵	联系仪表工处理

11. 催化蒸馏塔床层温度

（1）催化蒸馏塔床层温度

温度对反应有很大影响，在 60℃ 以下，反应属动力学控制；80℃ 以上反应属热力学控制，温度＞65℃，生成二甲醚的副反应增加；当温度达到 80～120℃ 时，转化率及 MTBE 的选择性均明显下降，同时，催化剂活性亦受到严重影响。为延长催化剂使用寿命，减少副反应的生成，开工初期宜保持较低的反应温度，一般床层温度＜60℃，开工后期，随着催化剂活性的降低，可逐步提高反应温度，但不超过 80℃。

（2）催化蒸馏塔床层温度控制与调节

控制范围：55～70℃

控制目标：55～70℃

正常调整：

影响因素	调整方法
系统压力的变化	调整系统压力
醇烯比的变化	调整醇烯比
进料量的变化	通过调节进料量
原料组分的变化	通过取样分析调节异丁烯含量值
塔底温度的变化	通过串级调节塔釜温度
回流量的变化	通过调节回流量的大小
冷后温度的变化	调节冷后温度

异常情况：

现象	影响因素	处理方法
催化反应段温度过高	醇烯比过低	调整醇烯比
	塔釜温度高	降低塔釜温度
	床层温度过高	补充甲醇

12．催化蒸馏塔塔底液位

（1）塔底液位

液位是系统物料平衡的集中体现，塔底液位的高低决定物料在塔内停留的时间，将不同程度的影响产品质量、收率及平稳操作，控制好各塔液位尤其重要，它是系统稳定操作的基础，一般液位控制在 40%～60%。液位过高将会造成携带甚至淹塔现象，液位过低易造成塔底空，以致损坏设备。

（2）液位控制与调节

控制范围：塔底液位 50%～70%

控制目标：塔底液位 60%

控制方式：调节塔底液位，使其保持在 50%～70%。

正常调整：

影响因素	调整方法
进料量波动	检查原料泵、排除故障
进料性质变化	根据分析调节醇烯比
塔底温度变化	调节塔底温度
回流量的变化	稳定回流量
液面调节阀失灵	参考玻璃板液位，改走副线，联系仪表工处理
中间回流量变化	调节中间回流量
塔底采出量变化	调节塔底采出量，平稳塔底液位
原料流量调节阀失灵	将调节阀改走副线，检查调节阀工作状态，联系仪表工排除故障
管路不畅	查找原因，消除隐患，恢复流量

异常处理：

现象	引起异常的原因	异常处理方法
甲醇或 C_4 进料量为零	原料泵自停或抽空	迅速启动备用泵，适当降低进料温度和塔底重沸器蒸汽量，控制催化剂床层不超温，如无法启动备用泵则进入紧急停工状态
反应进料量波动且流量低	原料泵抽空	检查机泵，排除故障，恢复生产过程，确保流程畅通，如处理较慢，适当降低反应温度，防止超温

13．催化蒸馏塔回流罐液位

催化蒸馏塔回流罐液位控制与调节：

控制范围：50%～70%

控制目标：60%

控制方法：由串级控制调节。

正常调整：

影响因素	调整方法
压控阀失灵	将调节阀改走副线，检查调节阀工作状态，联系仪表工排除调节阀故障或调整 PID 参数使调节阀正常工作
冷却效果差	检查冷凝器工作情况，及时排除故障
原料波动	稳定进料量，检查进料调节阀是否工作正常
回流量变化	稳定回流量

异常处理：

当液面过低，造成 P201A/B 不上量时，应按紧急停工方案停车；当液面低且无法补起时，关小或关闭 FIC2101 调节阀和 C301 进料总阀。

14．萃取塔 C301 进料温度

（1）进料温度

在压力不变的情况下，进料温度直接影响萃取塔萃取效果。温度太高，萃取效果变差，容易导致民用液化气中的甲醇含量超标。温度降低，萃取效果较好，但能耗增大。

（2）进料温度控制与调节

控制范围：30～40℃

控制目标：40℃

相关参数：萃取水温

控制方式：通过控制萃取水温与进料温度来调节控制萃取塔 C301 塔顶温度。

正常调整：

影响因素	处理方法
萃取水温度变化	检查 E301、E302 工作状况
	检查闭路循环水的温度、压力是否正常
	C301 釜温度波动过大
进料量和温度变化	平稳进料量，控制进料温度
仪表测量显示有误	联系仪表工处理

15．萃取塔 C301 塔底温度

（1）塔底温度

萃取塔 C301 塔底温度的高低直接影响其萃取效果。为了降低能耗，在保证萃取精馏效果的情况下，温度应尽量提高。

（2）塔底温度控制与调节

控制范围：25～40℃

控制目标：小于 40℃

相关参数：萃取水温、进料温度

控制方式：由进料温度和萃取水温度调节控制。

正常调整：

影响因素	调整方法
萃取水闭路循环量变化	适当调节萃取水闭路循环量
进料量及温度变化	控制进料量、进料温度
仪表测量显示有误	联系仪表工处理

16．萃取塔 C301 压力

（1）压力

压力一般不作调节产品质量的手段。

（2）压力控制与调节

控制范围：0.5～0.60MPa

控制目标：0.55MPa

相关参数：剩余 C_4 罐压力

控制方式：通过 C301 塔顶压控阀控制 C301 压力。

正常调整：

影响因素	调整方法
C301 塔顶压控阀失灵	将调节阀改副线，检查调节阀工作状态，联系仪表工排除调节阀故障或调整 PID 参数使调节阀正常工作
闭路循环水温度，压力变化	调节闭路循环水压力
E301 冷却效果差	检修 E301
进料量变化	调节进料量
进料组分变化	根据组分调节操作
进料温度波动	调节 E301 闭路循环水流量
萃取水温度变化	调节萃取水流量把料水比控制在工艺指标内
萃取塔界位变化	调节 C302 进料量，控制 C301 界位
开工初期系统 N_2 含量高	开 V301 塔顶副线放火炬将 N_2 放出

异常处理：

现象	引起异常的原因	异常处理方法
塔顶压力迅速上升	塔顶后路流程不通	当塔顶压力高于 0.6MPa，短时间不下降时，可向安全线泄压来控制塔顶压力；检查流程确保流程畅通

萃取塔塔顶压力控制方案见图 3-5。

17．萃取塔料水界位

（1）料水界位

料水界位高低将不同程度的影响产品质量及平稳操作，料水界位过高将会造成民用液化气带水现象，料水界位过低易造成剩余 C_4 中甲醇水洗不净。所以控制好萃取塔界位尤其重要，它是系统正常操作的基础。萃取塔料水界位控制方案见图 3-6。

（2）料水界位控制与调节

控制范围：40%～70%

控制目标：50%

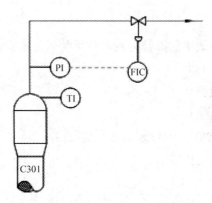

图 3-5 萃取塔塔顶压力控制方案

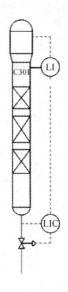

图 3-6 萃取塔料水界位控制方案

控制方式：当塔内界位低时，通过 C302 塔底水线向 C302 补蒸汽凝结水；当塔内界位高时通过 C302 塔底倒淋排分析合格的水。

正常调整：

影响因素	调整方法
进料量的变化	调整进料量
界位偏低	及时补充蒸汽凝结水
甲醇塔操作负荷太低	适当提高甲醇塔操作负荷

异常处理：

现象	引起异常的原因	异常处理方法
界位迅速降低	萃取水泵 P304 出现故障	迅速启动备用泵联系处理
界位迅速增高	FV3101 卡住	联系仪表工处理

18．萃取水温度

萃取水温度是影响萃取效果的关键因素，在系统的正常操作中，必须严格控制萃取水的温度。

19．剩余 C_4 罐 V301 液位

（1）剩余 C_4 罐 V301 液位

液位过低，泵 P301 易抽空；液位过高，容易发生事故。

（2）剩余 C_4 罐 V301 液位控制与调节

控制范围：50%～75%

控制目标：65%

控制方式：通过调节阀 LV3104 来调节 V301 液位。

正常调整：

影响因素	调整方法
液位调节阀失灵	改副线控制，联系仪表工处理
压控阀失灵	改副线控制，联系仪表工处理
压力波动	寻找原因，稳定塔顶压力

异常处理：

现象	引起异常的原因	异常处理方法
V301 液位快速上升	P301 出现故障引起 V301 液位升高	迅速启动备用泵。联系钳工处理

20．甲醇塔 C302 塔顶温度

（1）塔顶温度

塔顶温度升高，塔顶拔出的甲醇纯度降低。温度降低，塔顶拔出甲醇减少，影响塔的效率。

（2）塔顶温度控制与调节

控制目标：64.5℃

相关参数：回流比

控制方式：通过控制冷却水量与回流流量来调节控制甲醇塔 C302 的塔顶温度。

正常调整：

影响因素	调整方法
回流温度变化	检查 E303 工作状况；检查闭路循环水供应是否正常及闭路循环水温度变化情况，根据情况调整冷却水压力，平稳回流温度
回流调节阀失灵	改副线阀控制，检查调节阀工作状态，联系仪表工排除调节阀故障或调整 PID 参数使调节阀正常工作
进料量及进料温度的变化	调整进料量及进料温度
塔底温度变化	调节 E304 蒸汽量
塔顶压力波动	通过放空阀排至火炬系统

异常处理：

现象	引起异常的原因	异常处理方法
甲醇回流量为零	回流泵自停或抽空	迅速启动备用机，检查 V303 液位是否正常；如短时间无法控制塔顶温度时 V303 甲醇打全回流，待操作正常、甲醇质量合格后可改出装置

21. 甲醇塔 C302 塔底温度

（1）塔底温度

塔底温度降低，甲醇不易蒸出；塔底温度升高，水分汽化率增加，塔顶产品质量容易不合格。为了维持塔底和塔顶产品的质量，必须适当控制塔底温度，从而减少不必要的能耗。甲醇塔塔底温度控制方案见图 3-7。

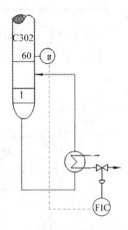

图 3-7 甲醇塔塔底温度控制方案

（2）塔底温度控制与调节

控制范围：95～110℃

控制目标：105℃

控制方式：由塔底重沸器 E304 蒸汽量控制。

正常调整：

影响因素	调整方法
调节阀失灵	改走副线控制，联系仪表工处理
系统压力变化	排不凝气，平稳系统压力
塔顶回流量及回流温度变化	调节回流量及回流温度
塔釜温度的变化	通过调节 E304 蒸汽流量来控制塔釜温度

异常处理：

现象	引起异常的原因	异常处理方法
C302 塔顶温度上升	E304 故障停用	停出甲醇，打全回流，控制塔压稳定

22. 甲醇塔 C302 塔顶压力

控制范围：0.1~0.2MPa

控制目标：0.15 MPa

控制方式：瓦斯系统泄压

正常调整：

影响因素	调整方法
C302 进料中带不凝气	瓦斯系统泄压
C302 回流量波动	维持正常的回流量
闭路循环水压力、温度变化	联系调度通知调节闭路循环水压力、温度
塔底温度波动	稳定塔底温度

异常处理：

现象	引起异常的原因	异常处理方法
塔内压力增大	淹塔	加大回流量，减少重沸器蒸汽量
塔内压力急剧升高	液化气窜入	停止 C302 进料，给 C301 补水，控制界位

甲醇塔塔顶压力控制方案见图 3-8。

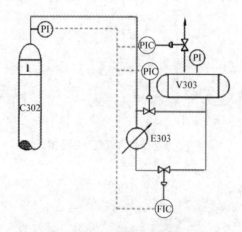

图 3-8　甲醇塔塔顶压力控制方案

23. 甲醇塔 C302 塔底液位

（1）塔底液位

塔底液面的高低关系到塔底物料在塔内的停留时间。液位降低，停留时间缩短，轻组分蒸发不完全；液位过高，会影响重沸器的闭路循环量，严重时会引起满塔，从而降低了塔的蒸馏效果。

（2）塔底温度控制与调节

控制范围：50%~70%

控制目标：60%

控制方式：泵 P304 流量和甲醇塔 C302 塔底液位串级控制。

正常调整：

影响因素	调整方法
进料量和进料温度的变化	调整进料量和进料温度
塔底采出量变化	调整塔底采出
进料中甲醇含量变化	根据进料中甲醇含量变化调整操作
塔底温度波动	通过 FV3104 和 TIC3106 调整塔底温度
塔底液控阀失灵	将调节阀改走副线，检查调节阀工作状态，排除调节阀故障及调整 PID 参数使调节阀正常工作

24．甲醇塔顶回流罐液位

（1）回流罐液位

回流罐液位过低，泵 P303 容易抽空；液位过高，不利于安全操作，严重时可能导致塔顶压力直线上升，造成危险。

（2）回流罐液位控制与调节

控制范围：50%～70%

控制目标：60%

控制方式：由回收甲醇调节阀控制 V303 液位。

正常调整：

影响因素	调整方法
V303 液控阀失灵	改副线控制，联系仪表工处理
C302 回流调节阀失灵	改副线控制，联系仪表工处理
C302 塔顶物料冷却不下来	联系调度，通知调节闭路循环水压力、温度
C302 塔顶温度波动	寻找原因，稳定塔顶温度

25．甲醇塔回流量

回流量大小直接影响控制塔顶温度的高低。其他条件一定时，回流量增大，精馏的效果变好，但会增加塔底热负荷和塔顶冷却器的负荷，从而增大消耗。

回流量的大小一般应在保证塔顶、塔底产品合格的情况下，尽量降低。

正常调整：

影响因素	处理方法
回流调节阀失灵	改副线控制，联系仪表工处理
液控阀失灵	改副线控制，联系仪表工处理
塔顶物料冷却不下来	联系调度，通知调节闭路循环水压力、温度

（四）冷态开车操作规程

按照装置的开工规程，第一步进行施工验收和交付开工检查；第二步进行开工前期吹扫；第三步进行开工前期水联运；第四步进行开工前期催化剂装填；第五步进行开工系统气密、N_2 置换；第六步进行甲醇浸泡催化剂。上述过程均合格，公用工程系统准备就绪，循环水、蒸汽已引至用户阀前。

1. 水洗塔 C301 与甲醇塔 C302 建立双塔闭路循环

[P]-投用 E303。

[P]-投用 E302A/B、E301A/B。

[M]-联系调度引脱盐水入装置。

[P]-引脱盐水入 C301。

(I)-C301 底液位 40%～60%。

[P]-打开控制阀 FIC3101 引脱盐水去 V302。

[P]-启动 P302A/B 给 C302 进物料。

[I]-控制 V302 现场液位 40%～60%。

(I)-C302 底液位 40%～60%。

[P]-启动 P304A/B 给 C301 打萃取水，控制出口流量 (若水量不足,可直接自 P304A/B 入口引入脱盐水)。

<P>-在启动 P304A/B 后,不要让 C302 塔底无液位，禁止泵抽空。

[I]-控制出口流量,使 C301 和 C302 实现双塔闭路循环(若水量不足,可直接自 P304A/B 入口引入脱盐水)。

[I]-逐步调节回收塔进料温度在 75℃左右。

[I]-调节好 P304A/B，维持 C301、C302 液位基本平稳。

[P]-打开 TV1203B 的前后阀及控制阀。

[I]-启用 E304 逐渐给 C302 以 30℃/h 速度升温。

[I]-控制塔底现场液位 40%～60%之间。

(I)-当甲醇塔回流罐 V303 现场液位达 40%～60%。

[P]-启动甲醇塔回流泵 P303A/B 建立回流。

[I]-控制流量建立甲醇塔全回流操作。

[I]-控制 C302 釜温 125℃左右，顶温 81.8℃左右。

[P]-待 V303 中甲醇分析合格后（甲醇含量≥99%），由甲醇回收线送入甲醇罐 V102A/B。

2. 催化蒸馏塔进料

<M>-在准备向 MTBE 装置进 C4 前 6h,联系化验做 C4 的全分析及金属离子含量分析。

[I]-关闭 R201 顶压阀，使 R201 进料时憋压，提高反应转化率。

(M)-联系调度，引甲醇原料至 V102A/B。

[P]-待 V102A/B 液位达 40%～60%。

[P]-开甲醇罐 V102A/B 出口阀，启动 P102A/B，去预反应器 R201。

(M)-联系调度,引 C4 原料至 V101。

[P]-待 V101 液位达 40%～60%。

[P]-当 P102 启动 15min 后，启动原料泵 P101A/B，去预反应器 R201。

[I]-控制 P101A/B 出口流量。

[I]-投用 E101 给 R201 进料加热。

[I]-控制预反应器 R201 入口温度 30～40℃之间。

[I]-当 R201 顶部压力达到 0.6MPa 时，打开反应器顶部阀门，控制 R201 顶部压力在 0.7～0.8 MPa 之间。

[I]-通过 R201 出口化验结果，计算异丁烯的转化率是否达标，计算醇烯比是否符合要求。

(M)-若醇烯比小于正常控制值，应及时补充甲醇；若醇烯比大于正常控制值，可维持不变，提高物料中异丁烯的转化率。

(M)-确认 R201 异丁烯的转化率达到预定值 90%左右，向 C201 进料。

(I)-调整进料预热器 E101 蒸汽量，保证 R201 的操作条件：反应器床层温度 65～70℃，反应器出口压力 0.7～0.8MPa。

3．催化蒸馏塔建立单塔闭路循环

[P]-投用 C201 塔顶冷凝冷却器 E203、MTBE 冷凝器 E206。

(M)-当异丁烯的转化率达到预定值 90%左右时，通知内操、外操向 C201 进料。

(I)-由 R201 顶部调节阀逐渐向 C201 中进料。

(I)-当 C201 塔釜液位达 40%，启动 E204，给 C201 釜加热。

[I]-升温速度不大于 30℃/h。

[P]-C201 塔顶放空阀打开排放塔内不凝气，当排放管线结霜时，关闭放空阀。

[I]-C201 塔顶压力控制在 0.6～0.8MPa 之间。

[P]-当 V201 液位达 50%左右时，启动 P201A/B 给 C201 塔顶打回流。

[I]-回流量控制在 10t/h 之间，回流量从小到大，回流量视回流罐 V201 液面高度而定。

[I]-维持 C201 的塔内回流稳定，液位稳定。

[I]-催化蒸馏塔 C201 实行全回流操作，在全回流操作过程中，不断调整 C201 塔顶压力、反应段床层温度、回流量，使这些参数达到设定值。

[I]-控制 C201 灵敏板温度在 115～125℃，塔釜温度 135℃左右，床层温度在 65～75℃，塔顶温度 63℃左右，塔顶压力(0.7±0.05)MPa(表压)左右。

(M)-在 C201 全回流操作平稳 4～8h 后，反应段床层温度分布合理，催化剂活性充分发挥，联系化验在 V201、E206 出口采样分析。

(M)-由化验报告单可知，当 V201 出口 MTBE 含量≤0.05%(质量分数)，E206 出口 C4 含量≤0.5%(质量分数)，可以联系调度向下游出料。

[I]-C201 塔顶、塔釜物料合格后，就可以变全回流操作状态为连续向催化蒸馏塔 C201 连续进料，并从 C201 塔顶、塔釜连续出料，先按设计进料的 60%～70%负荷操作，平稳 4～8h 后可满负荷操作。

[P]-若塔内物料过多且 MTBE 产品不合格，可经 C201 塔底退料线将不合格 MTBE 送出。

<I>-若 C201B 压力过高,可由其回流罐 V201 顶部压力调节阀适当排放气体入火炬系统。

4. 向萃取塔 C301 进料

(M)-由化验结果可知当 V201 出口 MTBE 含量≤0.05%(质量分数)，E206 出口 C_4 含量≤0.5%(质量分数)，联系调度向下游 C301 进料。

[P]-开萃取塔 C301 进料阀向 C301 进料。

[I]-控制进料流量。

[I]-投用 E205A/B，控制 C301 进料温度为 40℃。

(I)-萃取塔 C301 各点温度控制在 40℃。

[I]-控制萃取塔 C301 塔顶压力(0.5±0.05)MPa，剩余 C_4 从萃取塔塔顶流出至 V301。

[I]-控制萃取塔 C301 塔底界面为 40%～60%，作为塔底出水调节阀的控制参数，萃取液从塔底排出。

[P]-当 C_4 和萃取液进料平稳后，调整界面计的界面高度相对稳定后，取样分析，观察萃取效果。

[I]-若剩余 C_4 中甲醇含量偏高，调整进水量直至合格。

(I)-当 V301 液位达 60%，通知外操准备启动剩余 C_4 泵 P301A/B。

[P]-启动剩余 C_4 泵 P301，将未反应 C_4 送出 MTBE 装置。

<I>-当向 C302 进甲醇水溶液时，注意调节好 C302 各个控制参数，保证塔顶甲醇纯度≥99%，塔釜水中甲醇含量≤$1000×10^{-6}$(质量分数)。

<I>-当向 C302 进甲醇水溶液携带 C_4 及时从 V302 泄压。

[I]-调整 R201、C201、C301、C302 操作，调整各塔回流比、料水比至正常设定值。

(M)-使其操作指标控制在规定范围内,当所有参数达到设计参数且所有产品分析合格后，装置方可改为满负荷操作。

（五）正常停工操作规程

按照装置的停工规程，MTBE 装置由正常运行状态转为正常停工需要完成反应部分停工退料、回收部分停工退料、MTBE 装置泄压和 MTBE 装置吹扫四个主要操作过程。

停工操作之前需要完成以下相关工作，并进行状态确认：联系调度，通知质检中心、供排水、仪表、电气、油品罐区等做好停工准备。通知上游供应 C_4 的气分装置及原料罐区做好改流程的准备工作。各消防器材，安全防护用品如防护眼镜、防护面罩、橡胶手套等都应齐全并处于备用状态。准备好胶皮管及各种工器具，以备处理事故及吹扫之用。

1. 反应部分停工退料

[I]-逐渐关反应进料预热器 E101 热源。

(M)-联系调度，停 C_4 原料入 V101。

(I)-确认当 V101 液位 10%左右时。

[P]-停泵 P101A/B，停止向预反应器 R201 送原料 C_4。

[P]-关闭 P101A/B 进出口阀。

[P]-视 V102A/B 液位情况及时停甲醇原料入 V102A/B 。

[P]-停泵 P102A/B（时间在 P101A/B 停后大约 15min）。

[P]-关闭 P102A/B 进出口阀。

[P]-关闭预反应器进料手阀。

[P]-停止向催化蒸馏塔 C201 进料，切断 R201 与 C201 之间联系。

[P]-打通 R201 至废液罐 V103A/B 流程，将 R201 内物料退入 V103A/B。

[P]-V103A/B 液面不再上升时，关闭 R201 至 V103A/B 退料阀。

(I)-在 R201 内物料退入 V103A/B 过程中，如果 V103A/B 液位高于 80%时。

[P]-启动泵 P101A/B，将物料通过停工返料线送至罐区。

(I)-当反应器 R201 停止向 C201 进料时，降低向水洗塔 C301 进料，并根据塔底液位逐渐减小 MTBE 出装置量。

[I]-根据回流罐 V201 的液位情况，逐渐降低回流量和向 C301 的进料量。

[I]-维持 C201 操作压力、温度，逐渐减小塔底再沸器 E204 蒸汽流量，尽量将塔底物料压尽。

(I)-当塔底液位为 0 时，停 E204 的蒸汽。

[P]-关闭 MTBE 出装置调节阀 LV2101(视情况关闭上、下游一道手阀)。

[I]-当 V201 无液位时，停止 C201 回流，让 C201 自然降温。

[I]-继续向水洗塔 C301 进料。

(I)-当回流罐 V201 无液位显示时，通知外操停回流泵 P201A/B，停止向 C301 进料。

<I>-并注意 C301 压力及液面。

[P]-打通 C201 底至 V103A/B 流程，将塔底剩存物料退至 V103A/B 中。

(M)-当 V103A/B 中压力较高，大于 0.6MPa 时。

[P]-稍开安全阀副线，将 V103A/B 内氮气及瓦斯放火炬。

[P]-从 R201 顶部引氮气入 C201，将塔底剩余物料压入 V103A/B 内。

[P]-启动泵 P101A/B 将 V103A/B 内物料经停工返料线送至罐区。

2. 回收部分停工退料：

[I]-继续进萃取水，直到将塔内的残余甲醇萃取干净为止（小于 1000×10^{-6}）。

[I]-关闭或关小塔底出料液控阀 FV3101。

[I]-提高萃取水进 C301 流量，保持 C302 进料流量降低（或停止）。

(I)-当 C301 界位提高时，用水将剩余 C_4 压入到剩余 C_4 罐 V301 中。

[I]-当 C301 中剩余 C_4 全部压完后，停止进萃取水，并关闭塔顶出料阀 PICA3101。

(P)-如果塔 C302 内水量不足，可适当补水。

(P)-当 V301 出现界面时，停 P301A/B。

[I]-当 P304A/B 停止运行后，C302 可进行全回流操作(C302 塔顶、塔底停止出料)。

[I]-用 FV3104 控制 E304 蒸汽流量，C302 塔底以每小时 20～30℃降温。

[I]-逐渐减少回流量，并保持回流罐 V303 液位在 50%左右。

[I]-当塔顶温度低于 40℃且塔顶甲醇合格时，停冷凝器 E303 冷却水。

[I]-当塔釜温度低于 40℃且塔釜甲醇含量达到排放值($\leqslant 1000 \times 10^{-6}$)时，停回流（FIC3105）。

[P]-将 V303 内甲醇由甲醇闭路循环线全部退入 V102A/B。

[P]-停 C302 回流泵 P303A/B。

[P]-用泵 P102A/B 将 V102 中的甲醇送至罐区。

[P]-打开 C301、C302 塔底排水阀。

[P]-打开进料萃取水换热器 E302A/B、C302 再沸器 E204 及回收系统各调节阀组放空阀排尽水。

[P]-V301 沉降后脱水。

[P]-启动泵 P301A/B 将 V301 内剩余 C_4 送往罐区，送完后停泵 P301A/B。

3．MTBE 装置泄压

(M)-各部分分别按原料、反应、分离、回收的顺序泄压。

<M>-系统泄压时，系统内各设备及有关的连接管线，附属设备的阀门全部打开，避免憋压。

<M>-泄压时必须缓慢进行。

<M>-各冷换设备闭路循环水必须在泄压后方可放水，防止损坏设备；壳程物料为 C_4 的加热器，再沸器泄压时要稍给蒸汽，防止损坏设备。

[P]-系统泄压至 0.05MPa。

[P]-泄压后关各冷却器、冷凝器闭路循环水，打开上下放空阀放尽水，关闭各加热器、再沸器热源进出口阀，打开放空阀放尽水。

4．MTBE 装置吹扫

(P)-吹扫时要按系统、设备逐个进行，各设备与管线上的阀门要全部打开，防止短路和留下死角。

（六）事故处理操作规程

1．长时间停电

现象：所有运行机泵停止。

处理方法：

① 关闭各塔釜重沸器，避免超温超压；

② C_4 进装置改副线直接去未反应 C_4 罐区；

③ 立即关闭各系统进出料阀门，防止组分相互窜入；

④ 切断各机泵电源，关闭泵出入口阀门；

⑤ 注意观察各塔压力，防止超压。

2. 停循环水

现象：C201、C302 塔顶压力无法控制并上涨，温度加速升高。

处理方法：

① 关闭各塔釜重沸器，避免超温超压；

② C_4 进装置改副线直接去未反应 C_4 罐区；

③ 立即关闭各系统进出料阀门，防止组分相互窜入；

④ 切断各机泵电源，关闭泵出入口阀门；

⑤ 注意观察各塔压力，防止超压。

3. 停蒸汽

现象：C201、C302 塔釜温度无法控制并下降。

处理方法：

① C_4 进装置改副线直接去未反应 C_4 罐区；

② 立即关闭各系统进出料阀门，防止组分相互窜入；

③ 切断各机泵电源，关闭泵出入口阀门；

④ 注意观察各塔压力，防止超压；

⑤ 关闭各塔釜重沸器。

4. C_4 原料中断

现象：V101 液位指示不断下降，同时混合 C_4 进装置流量较正常值低或无流量指示。

处理方法：

① 立即关闭各系统进出料阀门，防止组分相互窜入；

② 隔离预反应器；

③ 催化蒸馏塔建立全回流；

④ 萃取塔和甲醇塔建立双塔循环；

⑤ 注意观察各塔压力，防止超压。

5. 甲醇原料中断

现象：V102 液位指示不断下降，同时甲醇进装置流量较正常值低或无流量指示。

处理方法：

① C_4 进装置改副线直接去未反应 C_4 罐区；

② 立即关闭各系统进出料阀门，防止组分相互窜入；

③ 隔离预反应器；

④ 催化蒸馏塔建立全回流；

⑤ 萃取塔和甲醇塔建立双塔循环；

⑥ 注意观察各塔压力，防止超压。

6．P201A/B 均故障

现象：启动 P201A/B 时均无法启动，催化蒸馏塔塔顶压力上升，催化剂床层温度出现"飞温"。

处理方法：

① 关闭催化蒸馏塔重沸器，避免超温超压；

② C_4 进装置改副线直接去未反应 C_4 罐区；

③ 立即关闭各系统进出料阀门，防止组分相互窜入；

④ 隔离预反应器和催化蒸馏塔；

⑤ 萃取塔和甲醇塔建立双塔循环；

⑥ 注意观察各塔压力，防止超压。

7．P303A/B 均故障

现象：启动 P303A/B 时均无法启动，因甲醇塔无回流，塔顶甲醇带大量的水无法回收。

处理方法：

① 关闭甲醇塔重沸器，避免超温超压；

② 减小醇烯比；

③ V201 出料改副线直接去未反应 C_4 罐区；

④ 隔离甲醇塔回流罐和未反应 C_4 罐；

⑤ 萃取塔和甲醇塔建立双塔冷循环；

⑥ 注意观察各塔压力，防止超压。

8．P101A/B 均故障

现象：V101 液位上涨，FIC1102 无流量，R201 温度下降。

处理方法：

① C_4 进装置改副线直接去未反应 C_4 罐区；

② 立即关闭各系统进出料阀门，防止组分相互窜入；

③ 隔离预反应器；

④ 催化蒸馏塔建立全回流；

⑤ 萃取塔和甲醇塔建立双塔循环；

⑥ 注意观察各塔压力，防止超压。

9．P102A/B 均故障

现象：V102A 液位上涨，FIC1103 无流量。

处理方法：

① C$_4$ 进装置改副线直接去未反应 C$_4$ 罐区；

② 立即关闭各系统进出料阀门，防止组分相互窜入；

③ 隔离预反应器；

④ 催化蒸馏塔建立全回流；

⑤ 萃取塔和甲醇塔建立双塔循环；

⑥ 注意观察各塔压力，防止超压。

10．P301A/B 均故障

现象：V301 液位上涨，未反应 C$_4$ 出装置。

处理方法：

① 减小醇烯比；

② V201 出料改副线直接去未反应 C$_4$ 罐区；

③ 隔离未反应 C$_4$ 罐；

④ 萃取塔和甲醇塔建立双塔冷循环；

⑤ 注意观察各塔压力，防止超压。

11．P302A/B 均故障

现象：V302 液位上涨，C302 液位下降，P302 后流量显示为 0。

处理方法：

① 减小醇烯比；

② V201 出料改副线直接去未反应 C$_4$ 罐区；

③ 隔离未反应 C$_4$ 罐和萃取塔；

④ 甲醇塔建立全回流；

⑤ 注意观察各塔压力，防止超压。

12．P304A/B 均故障

现象：C301 液位降低，C302 液位上涨。

处理方法：

① 减小醇烯比；

② V201 出料改副线直接去未反应 C$_4$ 罐区；

③ 隔离萃取塔、未反应 C$_4$ 罐和闪蒸罐 V302；

④ 甲醇塔建立全回流；

⑤ 注意观察各塔压力，防止超压。

13．事故列表

序号	项目名称	说明	备注
1	正常开车	基本项目	见操作规程
2	正常停车	基本项目	见操作规程
3	正常运行	特定事故	见操作规程
4	事故初态	特定事故	见操作规程
5	长时间停电	特定事故	见操作规程
6	停循环水	特定事故	见操作规程
7	停蒸汽	特定事故	见操作规程
8	C₄原料中断	特定事故	见操作规程
9	甲醇原料中断	特定事故	见操作规程
10	P201A/B 均故障	特定事故	见操作规程
11	P303A/B 均故障	特定事故	见操作规程
12	P101A/B 均故障	特定事故	见操作规程
13	P102A/B 均故障	特定事故	见操作规程
14	P301A/B 均故障	特定事故	见操作规程
15	P302A/B 均故障	特定事故	见操作规程
16	P304A/B 均故障	特定事故	见操作规程

附：（处理方法）

① 阀失灵处理[用组合键（CTRL+M）调出处理画面，选中所需处理的阀之后，点击处理，即可修复。下同]。

② 阀漂移处理。

③ 仪表失灵处理。

④ 仪表漂移处理。

⑤ 泵坏处理或启动备用泵。

⑥ 特定事故：详见操作手册中事故的处理方法。

（七）MTBE 仿真 DCS 和 PI&D 图

1. MTBE 仿真 DCS 图

顶岗实习的仿真 DCS 流程图画面如图 3-9～图 3-15 所示。

序号	说明	对应图
1	MTBE 总貌 DCS 图	图 3-9
2	进料反应系统 DCS 图	图 3-10
3	进料反应系统现场图	图 3-11
4	甲醇回收系统 DCS 图	图 3-12
5	甲醇回收系统现场图	图 3-13
6	公用工程 DCS 图	图 3-14
7	公用工程现场图	图 3-15

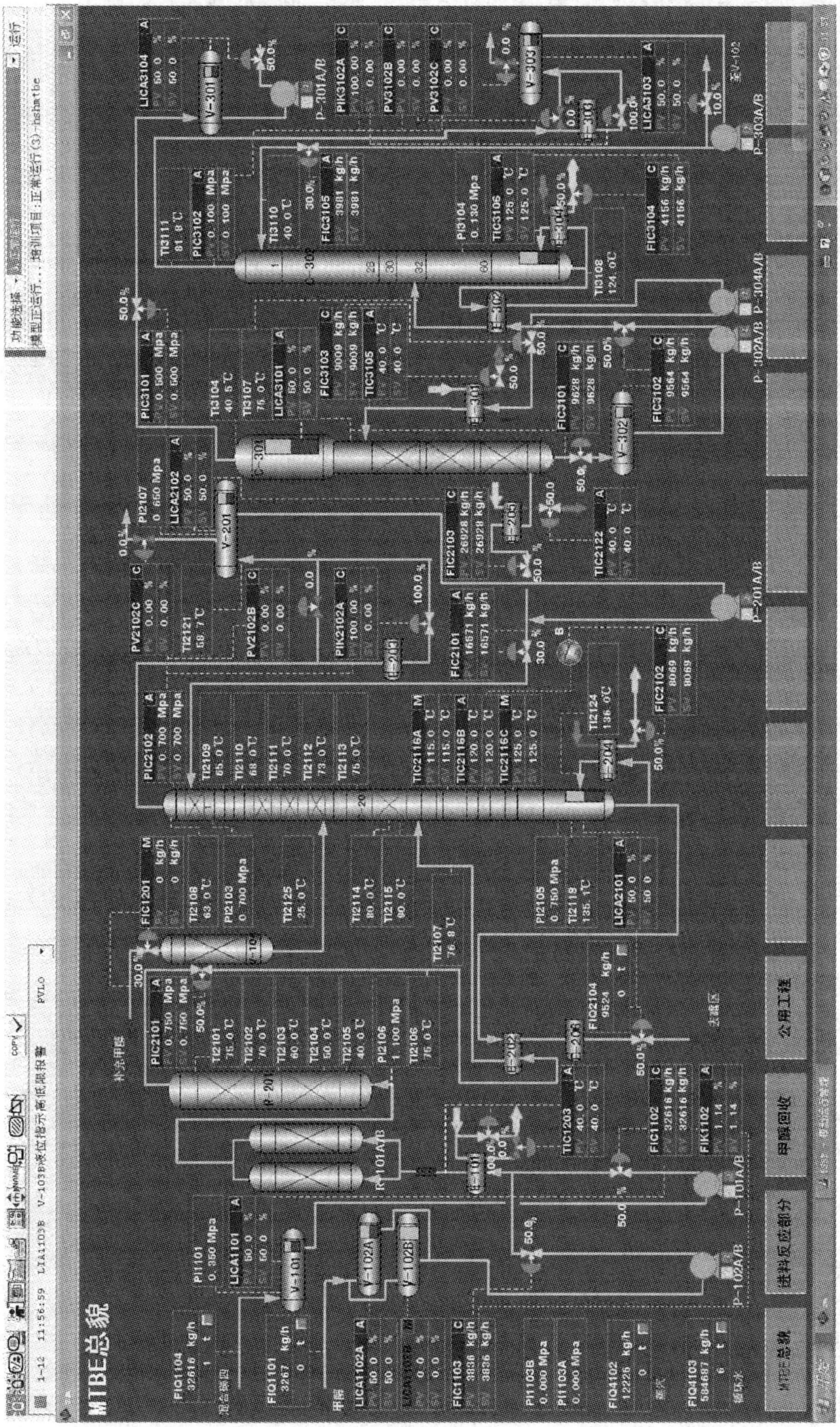

图 3-9　MTBE 总貌 DCS 图

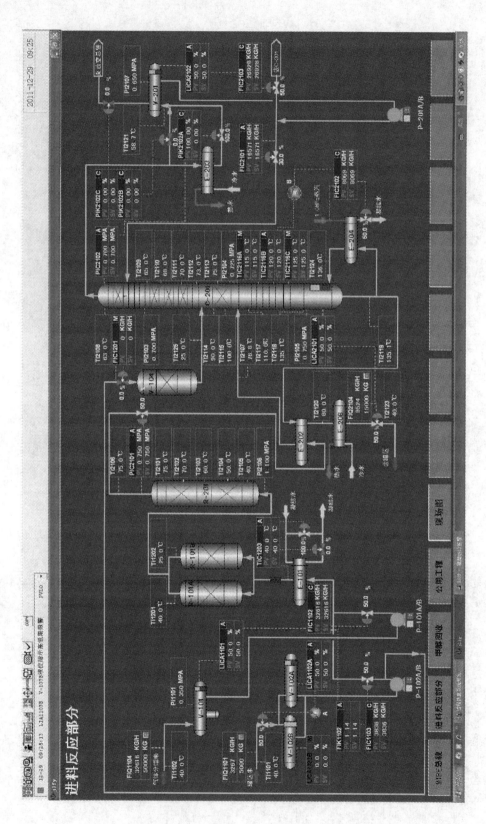

图 3-10　进料反应系统 DCS 图

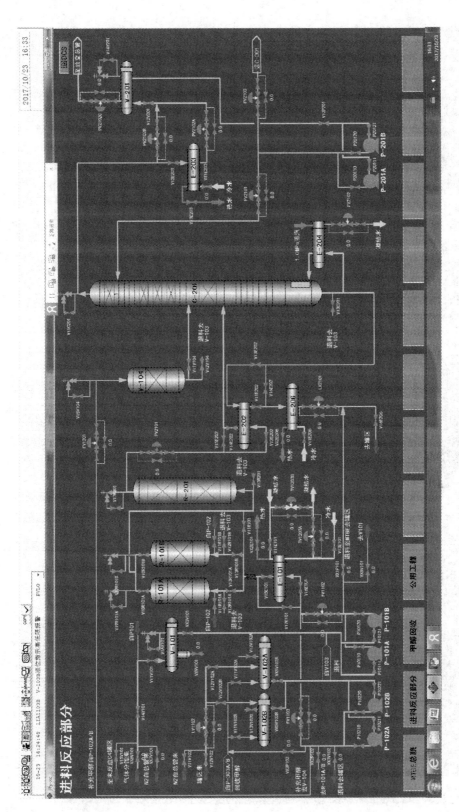

图 3-11　进料反应系统现场图

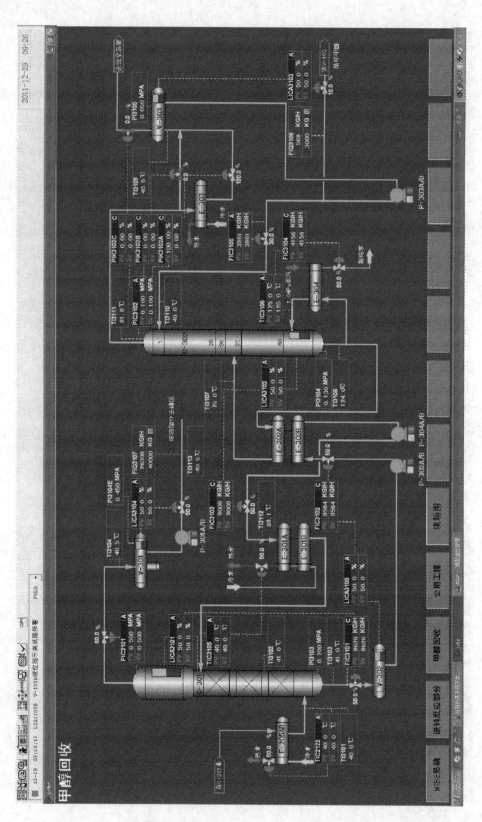

图 3-12　甲醇回收系统 DCS 图

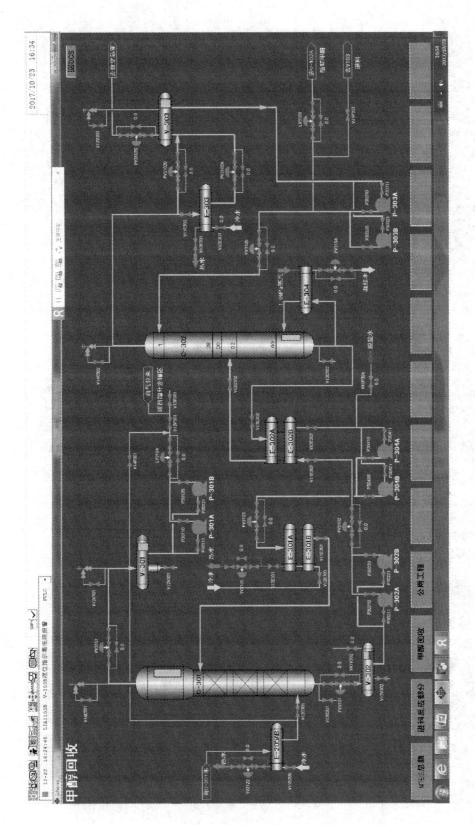

图 3-13 甲醇回收系统现场图

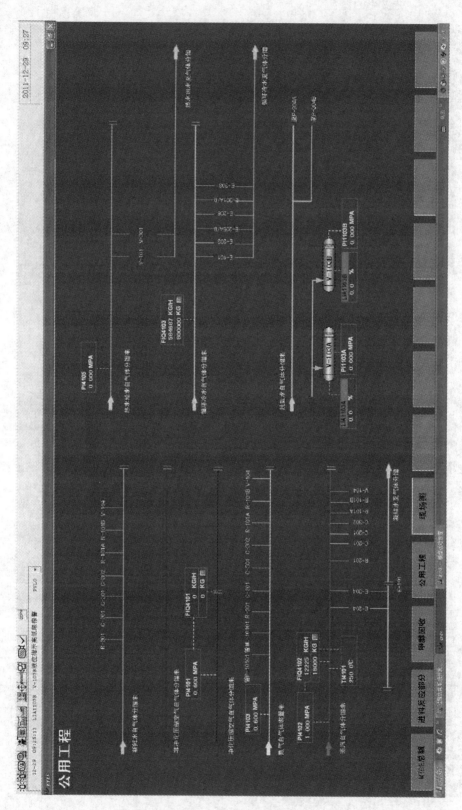

图 3-14　公用工程 DCS 图

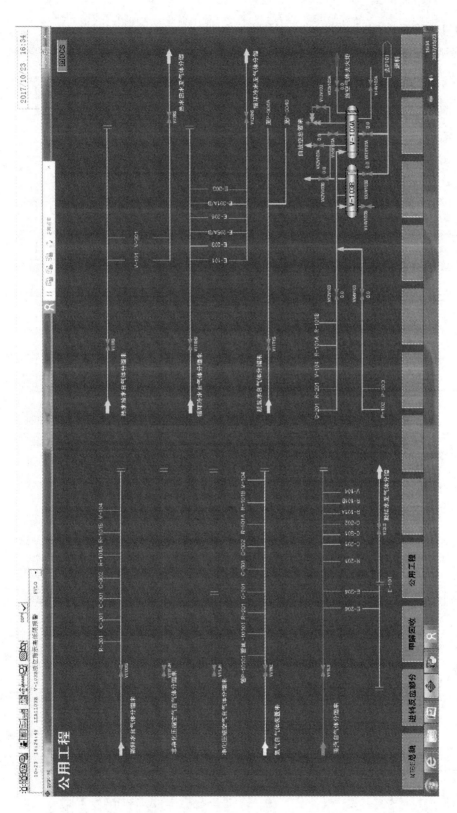

图 3-15 公用工程现场图

2. MTBE 仿真 PI&D 图

顶岗实习的 MTBE 仿真 PI&D 图如图 3-16～图 3-21 所示。

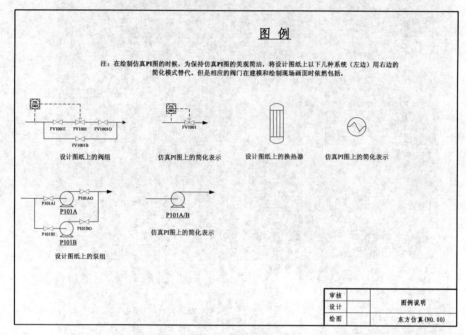

图 3-16　图例说明

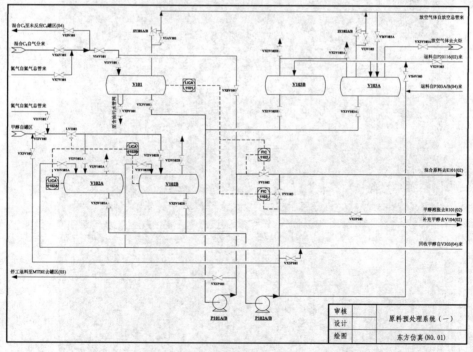

图 3-17　原料预处理系统（一）

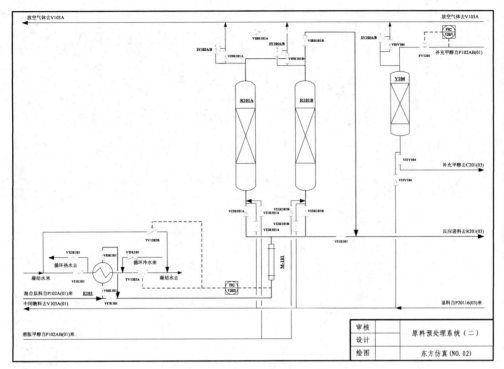

图 3-18　原料预处理系统（二）

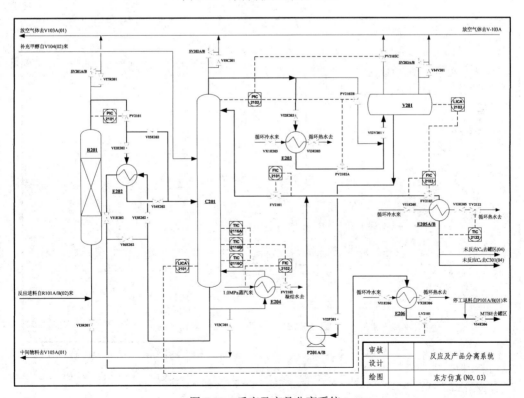

图 3-19　反应及产品分离系统

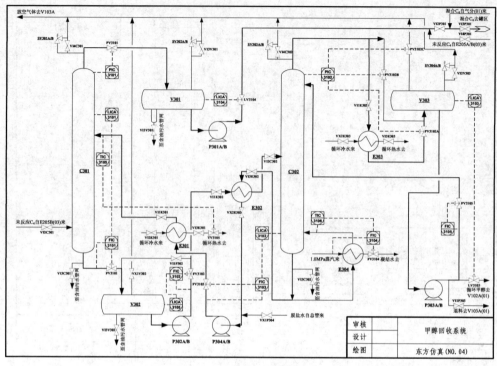

图 3-20 甲醇回收系统

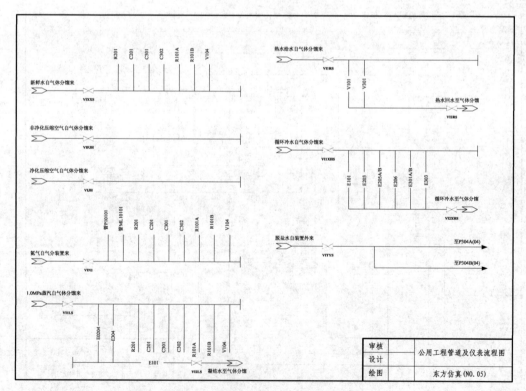

图 3-21 公用工程管道及仪表流程图

三、专用设备操作规程

（一）高速泵的开停车与切换操作

1. 高速泵的开车

(P)-机泵壳体应清洁无异物，四周清洁整齐，无易燃物品堆积。

(P)-检查出入口管线、法兰、阀门、压力表接头有无泄漏、松动，冷却水是否畅通，地脚螺栓及其他相关连接件有无松动。

(P)-检查护罩是否完好。

(P)-检查电机接地线是否完好接地，并联系电工检查电器及接头并送电。

(P)-确认止轮箱内加润滑油，油位加至视镜上方1/4高度。

[P]-点动高速泵，检查高速泵的旋转方向是否正确。

(P)-确认泵的进出口阀关闭。

[P]-若高速泵带冷却水系统，要向夹套内接通冷却水。

[P]-打开泵的入口阀,使泵内充满液体。

[P]-稍开放火炬阀排出泵内气体,直至排放管线结霜为止。

[P]-打开压力表针形阀。

[P]-稍开高速泵出口阀。

[P]-启动泵。

(P)-当电机转速平稳，泵没有出现抽空现象，且泵出口压力指示在规定的压力上。

[P]-立即打开泵的出口阀，调节流量至正常值。

> 注意：电机启动前稍开泵的出口阀，泵启动后应检查轴承油圈工作情况，然后检查压力表、电流表的指示情况；全面检查机体振动情况，温度变化情况。

2. 高速泵的停车

(P)-联系班长及内操操作员。

[P]-停高速泵。

[P]-关闭泵的出入口阀。

> 注意：如需维修高速泵，关闭出入口阀并打开放火炬阀，排净泵内的存液；若在冬季停用的泵，应放净泵内存水、存液或用蒸汽暖泵。冷却系统常开，冬季更应如此。

3. 高速泵的切换操作

(P)-机泵壳体应清洁无异物，四周清洁整齐，无易燃物品堆积。

(P)-检查各轴承箱润滑是否充足，油视镜是否准确好用，油位加至视镜上方1/4高度。

(P)-检查出入口管、法兰、阀门、压力表接头有无泄漏、松动，冷却水是否畅通，地脚螺栓及其他相关连接件有无松动。

(P)-检查护罩是否完好。

(P)-检查电机接地线是否完好接地，并联系电工检查电器及接头并送电。

[P]-打开备用泵的入口阀,使泵内充满液体。

[P]-稍开放火炬阀,排出泵内气体,直至排放管线结霜为止。

[P]-打开压力表针形阀。

(P)-检查泵的机械密封、盘根箱的密封性。

(P)-检查泵的润滑油情况。

[P]-稍开备用泵出口阀。

[P]-启动备用泵。

<P>-注意电机电流及泵出口压力。

(P)-确认可以运转。

[P]-开出口阀的同时，关待停泵的出口阀。

[P]-停原先运行的泵并关闭入口阀。

(P)-备用泵运行后，观察泵的压力、电流、振动是否在正常的范围内。

[P]-调节流量至正常值。

> 注意：备用泵需盘车，并检查备用泵的油位情况，切泵前备用泵出口阀应稍开，当出口压力达到规定的压力值时才开出口阀。

4. 高速泵的日常检查

<P>-当高速泵机械密封泄漏突然超过允许范围(6～9滴/min)，应立即停止运行。

(P)-出口压力表的指针有无异常。

(P)-电流值是否过载，是否异常。

(P)-有无异常声音和振动。

(P)-检查泵各部位的温度，有无异常发热的部位。

(P)-冷却水系统等辅助配管中有无异常。

(P)-有无液体泄漏的地方。

（二）机泵油雾润滑操作

1. 概述

泵采用美国 LSC 的油雾润滑技术。油雾润滑系统是一种能够产生、传输并自动为工业机械和设备中的轴承、齿轮箱等提供润滑油的集中润滑系统。油雾润滑系统的核心部件是其油雾发生器，它利用压缩空气作为动力源，使润滑油成为 $1～3\mu m$ 的小油滴。产生的小油滴悬浮在空气中通过分配管道网络到达机泵要求润滑的部位。

机泵油雾润滑系统由油雾发生系统、油雾分配管道网络两大部分组成。其中油雾发生系统是油雾润滑系统的核心部分。油雾发生系统由动力供给系统、润滑油供给系统、油雾发生器系统、操作控制系统 4 部分组成。动力供给系统是生成油雾并把油雾带到各个润滑部位的动力来源,其动力是净化风。润滑油供给系统是向油雾发生系统提供润滑油,由大量油储罐、主油雾发生器储罐、辅助油雾发生器储罐三部分组成。主油雾发生器储罐用油是通过一个自动供给系统从大量油储罐补给,辅助油雾发生器则需手动操作从大量油储罐供给。油雾发生系统是把净化风和润滑油混合生成油雾。操作控制系统则是把空气、油、油雾、各部件及其运行数据与微型控制面板总装在一起,以便提供精确、可靠的控制和监测。

2. 操作说明

（1）加油操作

LubriMist®IVT 油雾发生器有一个整体的 75gal(美制)[1gal(美制)=3.785 L]供油箱。在调试系统之前,大油箱必须用新鲜清洁的油加满。油可以直接通过供油软管从桶中或另一个油源泵入。在往大油箱加油时应使用一个清洁的 10 μm 油过滤器过滤。

① 大油箱装油

a. 打开操作员隔间门。确认大油箱、主油雾发生器油箱和辅助油雾发生器油箱的排放阀处于关闭位置。阀在其手柄顺时针旋转到底时关闭。阀的排放塞应安装并上紧。

b. 找出大油箱加油盖。加油盖位于旋转安装的滤油器的右边。松开并卸下加油盖放在一边。注意加油盖用一根链条连接至储罐以防放错地方。

c. 检查加油软管的端部有无污染。清除掉可能会在软管端管嘴中或嘴上的灰尘和沙粒。将软管插入注油接头并开始加油。首次充装入至少 55gal(美制)（208.2L）。注意观察油位计。

d. 一旦加油完成,拿开加油软管并重新安装加油盖。加油盖带螺纹并由一 O 形圈密封。应小心保证螺纹正确对准和啮合。加油盖只需用手牢固上紧。油软管应揩干净并存放在安全场所,以防污染和备用。

② 油输送泵灌泵

a. 要灌注油输送泵,将其供气阀手柄顺时针转到底打开供气（中间）。

b. 将空气拨转阀保持在打开位置并调节空气压力调节器以启动泵。中心调节器给油输送泵供应空气。当空气压力上升时油输送泵开始运行。泵的运行会在 IVT 机械隔间内产生"咔嗒"声。一旦泵被灌注,闭路循环速度会突然降低。

c. 一旦泵被灌注,按住空气拨动阀并在调节空气压力调节器的同时将泵的闭路循环速度设定在每分钟 160～200 闭路循环之间。一旦泵速度被设定,松开空气拨动阀,使空气压力设定值保持不变。

（2）启动 IVT 型油雾发生器

启动前重新检查所有连接并保证所有接头上紧，且电气连接正确完成。保证油雾分配系统、喷嘴和应用点连接，放气和排放正常进行。确认用来维持气源的设备和系统处于正常工作状态而这些气源在装置空气入口接头处已接通。LubriMist® IVT 型油雾发生器配有可编程固态控制器。它监视和控制运行变量。工厂预设值已编程并安装在系统内作为控制和报警设定值。启动期间无须对工厂设定值做调整。对每个运行变量的工厂缺省值可以参考读出报警和控制设定值。LubriMist® IVT 型的启动非常简单，只需操作员几个启动动作。启动 IVT 型油雾发生器的步骤如下：

① 接通入口气源

a. 找到安装在仪表压缩气源和 IVT 入口空气接头之间的仪表供气管线中用户的入口气源闭锁阀。

b. 打开 IVT 操作员隔间的门。找出并打开到主油雾发生器的空气闭锁阀。在顺时针将手柄转到底时阀打开。注意当气源打开至主油雾发生器时，油雾出口阀将自动动作。油雾出口阀是气动的且无需操作员操作。主油雾发生器出口将被打开。辅助油雾发生器出口将被关闭。

② 接通电源　接通电源之前，保证所有用户提供的连接已牢固上紧且所有电气壳体和接头盒的盖已上紧。一旦系统电源接通，固态控制系统将工作，通过解译外围输入信号，监视当前运行条件。当预设的临界报警条件被清除后，固态系统控制所有的独立电源系统。IVT 中使用的固态控制器内置加热器和电磁阀电源电路安全断路器。当电源首次接通时，只有空气电磁线圈通电以启动油输送泵。LubriMist® IVT 型油雾发生器配备有中断至主油雾发生器或辅助油雾发生器的电源的电气装置。此调试过程是启动主油雾发生器。

a. 在供电源处找出电源并通电。电源电路应有一合适的限流装置保护。

b. 从 IVT 操作员屏板找出电源开关。

NEC 型号配备有单独的主和辅助油雾发生器"ON-OFF"电源开关。主油雾发生器电源开关位于屏板顶部，用于主油雾发生器的气源闭锁阀的正上方。

IEC 型号配备有一个三位置选择开关(I-O-II)。开关位于操作员屏板顶部。开关中心位置是 OFF 位置(I-O-II)。要使主油雾发生器通电，选择开关应置于反时针到底位置。(I-O-II)此时接通主油雾发生器的电源。空气电磁阀将打开并启动油输送泵。主油雾发生器储罐将开始注油。储罐中上升的油位可在油位表上监视。当油位上升到油储罐低油位开关以上时，低油位报警将解除。油位继续上升，直到它达到预设的运行控制油位为止。一旦油位升到正常工作油位，空气电磁阀就断电。位于主油雾发生器储罐中的固定位置油位开关维持此油位。

（3）设定油雾主管压力

注意在电源接通而没有空气通过系统时，IVT 控制器指出下列报警条件：

① 调节空气压力低。

② 油雾压力低。

③ 空气温度低。

④ 油雾浓度。

也要注意空气/油加热器是断电的。在调节空气低压力报警被解除之前加热器不会接通。这是要保证通过空气加热器的气流要在加热元件通电前建立。

a. 找到位于操作员屏板上的显示器面板并找到标有"油雾压力"的按钮。按动"油雾压力"按钮，控制系统显示器显示"油雾压力为零"。

b. 从 IVT 操作员屏板，找出主油雾发生器的空气压力调节器。它位于主油雾发生器空气闭锁阀的正下方。要升高油雾压力，顺时针方向转动空气过滤器/压力调节器上的旋钮。要降低油雾压力，逆时针方向转动旋钮。在完成空气压力调节器调整后按"油雾压力"钮查看油雾压力。继续调节空气压力调节器直到达到并维持合适的油雾压力为止。当调节空气压力上升并超过其低报警设定值时，调节空气压力报警将解除而空气/油加热器通电。气温将上升到正常的加热器控制设定值。如果供气温度比低温设定值低，当气温上升至低报警设定值以上时低气温报警将解除。一旦油雾压力被设定并且油雾发生器运行起来，油雾浓度读数将上升并清除低报警条件。当油流过空气/油加热器中的加热器歧管，其温度上升，油雾浓度输出读数上升。

（4）按"清零"键

一旦所有报警解除并维持正常运行条件，用控制屏面板上的"CLEAR"(清零)键使 IVT 油雾发生器投入正常运行方式。按一次"CLEAR"键清除在启动期间的一个报警条件记录。一旦所有报警记录被清除，再按"CLEAR"键将状态灯从故障（红色 ON/绿色 OFF）复位到正常(红色 OFF/绿色 ON)。

（5）注意事项

① 油雾浸润至少 1h 以上方可开泵。

② 加润滑油必须遵循严格的三级过滤制度。

③ 润滑油滤芯至多使用半年需要更换一次。

④ 不要在任何带电状态下或在防爆区域打开控制柜内柜。

（6）报警处理

有以下报警设定，分别是低油雾浓度、低空气温度、高空气温度、油雾储罐使用过长的时间注油、油雾储罐中低油位、空气断路、空气温度过高、低供油压力、高供油压力。

3．操作规程

初始状态油雾发生主机处于空气状态、隔离，机、电、仪及辅助系统准备就绪，状态卡状态确认：

[P]-启动备用泵。

<P>-注意电机电流及泵出口压力。

[M]-确认现场作业结束。

[P]-确认开机条件满足，机、电、仪、操及确认后签字完毕。

[P]-确认消防设施完备。

[P]-确认通信器材完好。

正常开机

① 确认：

[P]-确认接入口风源正常。

[P]-确认所有接头上紧。

[P]-确认电气连接正确完成。

[P]-确认油雾分配系统和喷嘴正确安装。

[P]-确认注油软管清洁。

② 充注大储油罐与灌注油输送泵：

[P]-确认大储油罐、主油雾发生器储罐排放阀处于关闭位置。

[P]-打开注油孔盖，接通软管注油。

[P]-注油结束将注油空盖用手上紧。

[P]-灌注油输送泵前确认滤油器滤芯上紧。

[P]-用合格的油品灌注油输送泵，排除泵内空气。

> 注意：注油时要监视油位，不要过分充注，储罐最多可装约 75gal[①]；注油结束时不要用钳子或者其他工具上紧注油盖。

③ 接通入口气源：

[P]-打开控制柜背面的仪表风入口闸阀。

[P]-打开 IVT 操作员隔间的门。

④ 打开至主油雾发生器的空气闭锁阀和至供油泵的空气闭锁阀。

> 注意：仪表风入口闸阀在设备投入使用后，不再调整，当气源打开至主油雾发生器时，油雾出口阀将自动动作。

⑤ 接通主油雾发生器电源：

[P]-确认所有电气壳体和接头盒已经上紧。

[P]-确认外部电源已经连接并已通电。

[P]-打开屏板顶部的电源开关。

---

① gal，加仑，体积单位，1gal=3.785L。

> 注意：电源开关打开后主油雾发生器储油罐将开始注油，正常油位由储油罐的油位开关维持。调试供油泵的空气压力调节旋钮，控制供油泵的泵速在一定值（约 200 次/min 的脉冲）。

⑥ 设定油雾主管压力：

[P]-启动显示屏幕上的"油雾压力"按钮，此时压力为零。

[P]-确定油雾发生器的空气压力调节器位置。

旋转压力发生器，调整合适的油雾压力，顺时针增加油雾压力；逆时针则降低。

> 注意：控制油雾压力在一定值（约 20in H_2O 1in=0.0254m，1mmH_2O=9.80665Pa）；油雾润滑主机开启后按"清零"键清除开机过程中的报警记录。

4．辅助油雾发生器启动与切回至主油雾发生器

（1）辅助油雾发生器启动

[P]-检查辅助油雾发生器储罐油位，必要时加注润滑油.

[P]-切断至主油雾发生器的电源。

[P]-关闭至主油雾发生器的空气闭锁阀。

[P]-接通至辅助油雾发生器的气源。

[P]-打开至辅助油雾发生器的空气闭锁阀。

将空气压力调节旋钮顺时针调至适当位置，辅助油雾发生器油雾压力表显示调节至 20 in H_2O 左右，调整好后在之后主辅油雾发生器切换过程中一般不再需要调节此开关。

接通电源。

> 注意：辅助油雾发生器油箱液位不能超过油箱的 2/3；该操作用于在大量油储罐加油和主油雾发生器出现故障修理时。

（2）从辅助油雾发生器切换至主油雾发生器

① 切断至辅助油雾发生器的电源。

② 切断至辅助油雾发生器的气源，关闭至辅助油雾发生器的空气闭锁阀。

③ 接通至主油雾发生器的气源，打开至主油雾发生器的空气闭锁阀。

④ 接通电源。

> 注意：在切换过程中由班长拿钥匙打开隔间门，检查辅助油雾出口阀是否关闭，若未关闭，用扳手松动接至辅助油雾出口阀的空气管路的接头，放气后再拧紧即可。

5．油雾发生器例行维护

（1）每日检查内容

① 检查油雾压力显示值是否在调整设定值。低于设定值时表明系统可能有泄漏，油雾分配器脱离系统或管线破损；高于设定值时表明某油雾管配件堵塞，此时尤其要检查每台泵的喷头喷嘴是否堵塞，立即检查每台泵的油雾收集箱是否有油雾冒出（双支撑泵

检查前后轴承箱下部的油杯的油放掉后是否有油雾冒出）。当压力突然大幅波动时说明油雾分配管路中存在杂质、油脂或入口空气压力不稳定，检查内容同上。

② 检查被调节空气压力和供气压力。被调节空气压力是调试设置好的，如果无特殊情况不得随意调整此压力。

③ 检查空气温度设定值是否正确。

④ 检查主发生器储罐中的液位是否正常，如液位低要及时加油。

⑤ 检查主机的一般状态，是否泄漏，仪表是否破损。

⑥ 检查每台泵的油雾收集箱的放空管是否有油雾冒出（双支撑泵检查前后轴承箱的端面是否有油雾冒出），有则表明油雾分配头喷嘴通畅，此泵油雾正常。

⑦ 巡检过程中发现轴承温度上升，在排除轴承原因后，应首先考虑检查油雾分配头是否堵塞(检查方法同上)。

（2）每周检查内容

检查所有的控制和报警设定值。

（3）每月维护

① 检查每台泵的油雾收集箱的液位，超过红线时通过排放口放油。

② 检查油雾分配器（有机玻璃管段）内部集油，有油时按动其底部弹性放空按钮把油排放至油雾收集箱。

③ 检查油雾分配器（有机玻璃管段）、喷嘴的连接是否可靠（此项由钳工完成）。

（4）维护检查内容（至少每半年执行一次）

① 更换油过滤器滤芯；

② 检查和清洁油吸入滤网；

③ 更换空气过滤器滤芯；

④ 检查和彻底清洁油雾发生器储罐；

⑤ 检查核实所有报警的上限和下限设定值的动作；

⑥ 检查试验安装的远程报警的动作。

6. 常见问题及处理

常见问题及处理方法见表 3-1。

表 3-1　常见问题及处理方法

故障现象	原因	处理方法
油雾浓度低	油储罐液位低	加入润滑油
	雾化空气温度低	调整空气设定温度
	吸入过滤网堵	清理或更新吸入过滤网
油雾压力低	油雾管线破裂	联系钳工处理
	油雾发生器泄漏	联系钳工处理
	调节空气压力低	调整空气设定压力

续表

故障现象	原因	处理方法
油雾压力高	主、辅油雾发生器同时运行	关闭辅助油雾发生器
	油雾分配器堵塞	疏通油雾分配器
	调节空气压力高	调整空气设定压力
供油压力低	供油泵空气闭锁阀开度不够	打开空气闭锁阀
	供油泵的调节空气压力低于 35～40psi(1psi=6894.76Pa, 下同)	提高泵的调节空气压力
	油储罐液位过低	加入润滑油
供气压力低	空气过滤器的滤芯堵塞	清理或者更换滤芯

注：以上皆为主油雾发生器报警，如果不能解决修理，请切换至辅助油雾发生器运行。

7. 控制屏板运行变量参数显示和报警

① AIR TEMP（空气温度）　按此键时显示被加热好后进入油雾发生器的空气温度。此参数由系统内部自动控制在设定值 120℉ [华氏温度与摄氏温度换算公式：$t/\text{℃} = \dfrac{5}{9}(t/\text{℉} - 32)$]。

② OIL LEVEL（大量油储罐液位）　按此键时显示大量油储罐中的油储量。在加油时出现高油位，只需把排放阀打开放油直到报警解除，低油位报警则需要加油。

③ SUP AIR PRES（供气压力）　按此键时显示进入控制柜的入口空气压力即仪表风压力，（psi），此参数不可调节。

④ REG AIR PRES（被调节空气压力）　按此键时显示至主油雾发生器的供气压力。此参数通过被调节空气压力旋钮调整好后一般不再发生变化，除非供气压力报警或人为调节。

⑤ SUP OIL PRES（供油压力）　按此键时显示供油泵出口压力。此报警出现时，联系设备员处理；否则切换到辅助油雾发生器。

⑥ MIST PRES（油雾压力）　按此键时显示控制柜的油雾出口压力，这是被排出和分配到用户机械的油雾压力，通过被调节空气压力调节。

⑦ MIST DENS（油雾密度）　按此键时相对油雾密度值通过被调节空气压力调节。运行变量的报警参数范围见表3-2。

表3-2　运行变量的报警参数范围

序号	功能键	高报警值	低报警值	正常值
1	空气温度	140℉	100℉	120℉=49℃
2	大量油储罐液位	75gal（美制）	10gal（美制）	
3	供气压力	150psi	25psi	
4	被调节空气压力	65psi	10psi	
5	供油压力	150psi	10psi	
6	油雾压力	30in H_2O	10in H_2O	20in H_2O
7	油雾密度	90%	10%	50%

四、基础操作规程

（一）离心泵的开泵与切换操作

1. 离心泵的开车

A 级操作纲要

（1）离心泵开泵准备

```
状态 S₁
离心泵具备灌泵条件
```

（2）离心泵灌泵

```
状态 S₂
离心泵灌泵完毕，具备开机条件
```

（3）离心泵开泵

```
状态 S_F
离心泵开泵正常
```

B 级操作

（1）离心泵开泵准备

[P]-关闭泵的排凝阀。

[P]-关闭泵的放空阀。

[P]-确认压力表安装好。

[P]-投用压力表。

① 投用冷却水：

[P]-打开冷却水给水阀和排水阀（轴承箱、填料箱、泵体）。

[P]-确认回水畅通。

② 投用润滑油系统：

[P]-确认油路畅通，无泄漏。

[P]-通过看窗确认润滑油油位处于 1/2～2/3。

```
状态 S₁
离心泵具备灌泵条件
```

（2）离心泵灌泵

```
注意
污染环境介质要用容器盛放；45℃以上介质防止烫伤；腐蚀性介质防止灼伤；有毒性介质防止中毒
```

[P]-缓慢打开入口阀。

[P]-打开泵放空阀排气。

[P]-确认排气完毕。

[P]-关闭泵放空阀。

[P]-盘车。

状态 S_2
离心泵灌泵完毕,具备开泵运行条件

（3）离心泵开泵

启动电动泵:

[P]-确认电动机送电,具备开机条件（见电动机开机规程）。

[P]-与相关岗位操作员联系。

[P]-确认泵出口阀关闭。

[P]-确认泵不转。

[P]-盘车均匀灵活。

[P]-启动电动机。

[P]-如果出现下列情况立即停泵。

(P)-异常泄漏。

(P)-振动异常。

(P)-异味。

(P)-异常声响。

(P)-火花。

(P)-烟气。

(P)-电流持续超高。

[P]-确认泵出口达到启动压力且稳定。

[P]-缓慢打开泵出口阀。

[P]-确认出口压力、电动机电流在正常范围内。

[P]-与相关岗位操作员联系。

[P]-调整泵的排量。

（4）启动后的调整和确认

① 泵:

(P)-确认泵的振动正常。

(P)-确认轴承温度正常。

(P)-确认润滑油液面正常。

(P)-确认润滑油的温度、压力正常。

(P)-确认润滑油回油正常。

(P)-确认无泄漏。

(P)-确认密封的冷却介质正常。

(P)-确认冷却水正常。

② 动力设备：

(P)-确认电动机的电流正常。

③ 工艺系统：

(P)-确认泵入口压力稳定。

(P)-确认泵出口压力稳定。

④ 补充操作：

[P]-将排凝阀或放空阀加盲板或丝堵。

⑤ 最终状态：

(P)-泵入口阀全开。

(P)-泵出口阀开。

(P)-单向阀的旁路阀关闭。

(P)-排凝阀、放空阀盲板或丝堵加好。

(P)-泵出口压力在正常稳定状态。

(P)-动静密封点无泄漏。

最终状态 S_F
离心泵正常运行

注意：电机启动后关闭泵的出口阀的时间不能超过 2~3 min；泵启动后应检查轴承油圈工作情况，然后检查压力表、电流表的指示情况；全面检查机体振动情况，温度变化情况。

2. 离心泵的停车

A 级操作纲要

初始状态 S_0
离心泵正在运行

（1）停运

状态 S_1
停运离心泵

（2）备用机泵

状态 S_F
停运离心泵交付检修

B 级操作

初始状态：

(P)-泵入口阀全开。

(P)-泵出口阀开。

(P)-排凝阀、放空阀盲板或丝堵加好。

(P)-泵在运转。

```
┌─────────────────────────────┐
│         初始状态 S₀          │
│        离心泵正在运行         │
└─────────────────────────────┘
```

（1）停泵

[P]-关闭泵出口阀。

[P]-停电动机。

[P]-立即关闭泵出口阀。

(P)-确认泵不反转。

[P]-盘车。

(P)-确认泵入口阀全开。

```
┌─────────────────────────────┐
│          状态 S₁             │
│         离心泵停运            │
└─────────────────────────────┘
```

（2）冷备用

① 停用辅助系统：

[P]-停预热系统。

[P]-停用冷却水。

[P]-停冷却介质。

[P]-电动机停电。

② 隔离：

[P]-关闭泵入口阀。

[P]-关闭泵出口阀（联锁自启泵）。

[P]-拆排凝阀、放空阀的盲板或丝堵。

③ 排空：

[P]-打开密闭排凝阀排液。

[P]-置换。

[P]-打开排凝阀。

[P]-打开放空阀。

(P)-确认泵排干净。

```
┌─────────────────────────────┐
│          状态 S₃             │
│      离心泵处于冷备用状态      │
└─────────────────────────────┘
```

（3）交付检修

[P]-出入口阀关闭。

(P)-确认放空阀开。

> 最终状态 S_F
>
> 离心泵交付检修

最终状态：

(P)-确认泵已与系统完全隔离。

(P)-确认泵已排干净，放空阀打开。

(P)-确认电动机断电。

(P)-联系班长及内操操作员。

[P]-关闭泵的出口阀。

[P]-出口全关闭后停电机。

> 注意：如需维修离心泵，关闭出入口阀并打开放火炬阀，排净泵内的存液；若在冬季停用的泵，应放掉泵内存水、存液或用蒸汽暖泵。

3. 离心泵的切换操作

A 级操作纲要

> 初始状态 S_0
>
> 在用泵运行状态，备用泵准备就绪，具备启动条件

（1）初始状态确认

> 状态 S_0
>
> 离心泵运行正常

（2）启动机泵

> 状态 S_1
>
> 离心泵具备切换条件

（3）切换

> 状态 S_2
>
> 离心泵切换完毕

（4）切换后的状态确认

> 状态 S_F
>
> 离心泵正常运行，停运泵交付检修

B 级操作

初始状态 S_0

在用泵运行状态，备用泵准备就绪，具备启动条件

（1）初始状态确认：

① 在用泵：

(P)-泵入口阀全开。

(P)-泵出口阀开。

(P)-单向阀的旁路阀关闭。

(P)-放空阀盲板或丝堵加好。

(P)-泵出口压力在正常稳定状态。

② 备用泵：

(P)-泵入口阀全开。

(P)-泵出口阀关闭。

(P)-辅助系统投用正常。

(P)-电机送电。

（2）启动备用泵（不带负荷）

[P]-与相关岗位操作员联系准备启动备用泵。

[P]-备用泵盘车。

[P]-关闭备用泵的预热线阀。

[P]-启动备用泵电动机。

[P]-如果出现下列情况立即停止启动备用泵。

(P)-异常泄漏。

(P)-振动异常。

(P)-异味。

(P)-异常声响。

(P)-火花。

(P)-烟气。

(P)-电流持续超高。

[P]-确认泵出口达到启动压力且稳定。

状态 S_1

离心泵具备切换条件

（3）切换

[P]-缓慢打开备用泵出口阀。

[P]-逐渐关小运转泵的出口阀。

(P)-确认运转泵出口阀全关，备用泵出口阀开至合适位置。

[P]-停运转泵电动机（见离心泵的停泵规程）。

[P]-关闭原运转泵出口阀。

(P)-确认备用泵压力、电动机电流在正常范围内。

[P]-调整泵的排量。

注意
切换过程要密切配合，协调一致尽量减小出口流量和压力的波动

状态 S_2
离心泵切换完毕

（4）切换后的调整和确认

① 运转泵：

(P)-确认泵的振动正常。

(P)-确认轴承温度正常。

(P)-确认润滑油液面正常。

(P)-确认润滑油的温度、压力正常。

(P)-确认润滑油回油正常。

(P)-确认无泄漏。

(P)-确认密封的冷却介质正常。

(P)-确认冷却水正常。

(P)-确认电动机的电流正常。

(P)-确认泵入口压力稳定。

(P)-确认泵出口压力稳定。

[P]-将排凝阀或放空阀加盲板或丝堵。

(P)-泵入口阀全开。

(P)-泵出口阀开。

(P)-单向阀的旁路阀关闭。

(P)-排凝阀、放空阀盲板或丝堵加好。

(P)-泵出口压力在正常稳定状态。

(P)-动静密封点无泄漏。

② 停用泵：

(P)-确认辅助系统投用正常。

[P]-打开泵出口阀。

[P]-停用冷却水。

[P]-停冷却介质。

[P]-电动机停电。

[P]-关闭泵入口阀。

[P]-关闭泵出口阀（联锁自启泵）。

[P]-拆排凝阀、放空阀的盲板或丝堵排空。

[P]-打开密闭排凝阀排液。

[P]-置换。

[P]-打开排凝阀。

[P]-打开放空阀。

(P)-确认泵排干净。

> 状态 S_3
>
> 离心泵冷备用

（5）交付检修

> 最终状态 S_F
>
> 备用泵启动后正常运行，原在用泵停用

4. 机泵日常维护

(P)-检查备用泵是否清洁无异物，四周清洁整齐，无易燃物品堆积。

(P)-检查备用泵轴承箱润滑是否充足，油杯是否准确好用，油面应维持在 1/2～2/3 高度。

(P)-检查备用泵出入口管线、法兰、阀门、压力表接头有无泄漏松动，冷却水是否畅通，地脚螺栓及其他相关连接件有无松动。

(P)-盘车检查备用泵转子是否灵活，按泵的旋转方向盘车 2～3r，确信转子无摩擦及碰撞等其他杂音方能开泵。

(P)-检查备用泵护罩是否完好。

(P)-检查备用泵电机接地线是否完好接地，并联系电工检查电器及接头并送电。

[P]-打开备用泵入口阀使泵内充满液体。

[P]-稍开放火炬阀排出备用泵内气体,排完气后关闭。

[P]-打开备用泵压力表针形阀。

(P)-检查备用泵的机械密封、盘根箱的密封性。

(P)-检查备用泵的润滑油情况。

[P]-启动备用泵。

<P>-注意电机电流及泵压。

(P)-可以运转。

[P]-开出口阀的同时，关待停泵的出口阀。

[P]-停原先运行的泵。

(M)-备用泵运行后，观察泵的压力、电流、振动是否在正常的范围内。

> 注意：备用泵需盘车，并检查备用泵的油位情况，切泵前备用泵出口阀应全关，启动泵后达到一定的压力时才开出口阀。

（二）冷换设备的投用与切除

1. 换热器投用

A 级操作框架图

> 初始状态 S_0
>
> 换热器处于空气状态-隔离

（1）换热器拆盲板

> 状态 S_1
>
> 换热器盲板拆除

（2）换热器置换

> 状态 S_2
>
> 换热器置换合格

（3）换热器投用

① 充冷介质。

② 投用冷介质。

③ 充热介质。

④ 投用热介质。

> 状态 S_3
>
> 换热器投用

（4）换热器投用后的检查和调整

> 最终状态 S_F
>
> 换热器正常运行

B 级投用操作

> 初始状态 S_0
>
> 换热器处于空气状态-隔离

适用范围:

① 有或无相变的换热器。

② 单台或一组换热器。

③ 流动介质:闭路循环水、软化水、蒸汽、液体烃类化合物、气体等。

初始状态确认:

(P)-换热器检修验收合格。

(P)-换热器与工艺系统隔离。

(P)-换热器密闭排凝线隔离。

(P)-换热器放火炬线隔离。

(P)-换热器放空阀和排凝阀的盲板或丝堵拆下,阀门打开。

(P)-换热器蒸汽线,N_2 线隔离。

(P)-压力表、温度计安装合格。

(P)-换热器周围环境整洁。

(P)-消防设施完备。

(1)换热器拆盲板

(P)-确认换热器放火炬阀,密闭排凝阀,冷介质入口、出口阀,热介质入口、出口阀关闭;蒸汽、N_2 吹扫置换线手阀及其他与工艺系统连接阀门关闭。

[P]-拆换热器放火炬线盲板。

[P]-拆换热器密闭排凝线盲板。

[P]-拆换热器冷介质入口、出口盲板。

[P]-拆换热器热介质入口、出口盲板。

[P]-拆吹扫、置换蒸汽,N_2 线盲板。

[P]-拆其他与工艺系统连线盲板。

```
状态 S₁
换热器盲板拆除
```

(2)换热器置换

① 用蒸汽置换的换热器:

[P]-蒸汽排凝。

(P)-确认换热器管、壳程高点放空阀,低点排凝阀打开。

(P)-缓慢打开壳程蒸汽阀门。

(P)-确认壳程放空阀和排凝阀见蒸汽。

[P]-缓慢打开管程蒸汽阀门。

(P)-确认管程放空阀和排凝阀见蒸汽。

[P]-调整管、壳程蒸汽阀。

(P)-确认管、壳程置换合格。

[P]-关闭管、壳程放空阀。

[P]-关闭管、壳程蒸汽阀。

[P]-关闭管、壳程排凝阀。

② 用氮气置换的换热器：

(P)-确认换热器管、壳程高点放空阀，低点排凝阀打开。

[P]-缓慢打开壳程 N_2 阀门。

(P)-确认壳程放空阀和排凝阀见氮气。

[P]-缓慢打开管程 N_2 阀门。

(P)-确认管程放空阀和排凝阀见氮气。

[P]-采样分析换热器管、壳程。

(P)-确认管、壳程置换合格。

[P]-关闭管、壳程放空阀。

[P]-关闭管、壳程氮气阀。

[P]-关闭管、壳程放空阀和排凝阀。

注意
管、壳程蒸汽置换时，防止超温、超压；防止烫伤

状态 S_2
换热器置换合格

（3）换热器投用

<P>-现场准备好随时可用的消防蒸汽带。

<P>-投用有毒有害介质的换热器，佩戴好防护用具。

（4）充冷介质

(P)-确认换热器冷介质旁路阀开。

[P]-稍开换热器冷介质出口阀。

[P]-稍开换热器放空阀（不允许外排的介质，稍开密闭放空阀）。

(P)-确认换热器充满介质。

[P]-关闭放空阀（或密闭放空阀）。

（5）投用冷介质

[P]-缓慢打开换热器冷介质出口阀。

[P]-缓慢打开换热器冷介质入口阀。

[P]-缓慢关闭换热器冷介质旁路阀。

（6）充热介质

[P]-确认换热器介质旁路阀开。

[P]-稍开换热器热介质出口阀。

[P]-稍开换热器放空阀（不允许外排的介质，稍开密闭放空阀）。

[P]-确认换热器充满介质。

[P]-关闭放空阀（或密闭放空阀）。

（7）投用热介质

[P]-缓慢打开换热器热介质出口阀。

[P]-缓慢打开换热器热介质入口阀。

[P]-缓慢打开换热器热介质旁路阀。

（8）换热器投用后的检查和调整

(P)-确认换热器无泄漏。

[P]-按要求进行热紧。

[P]-检查调整换热器冷介质入口和出口温度、压力、流量。

[P]-检查调整换热器热介质入口和出口温度、压力、流量。

[P]-换热器吹扫、置换蒸汽线加盲板。

[P]-换热器吹扫、置换 N_2 线加盲板。

[P]-密闭排凝线加盲板。

[P]-放火炬线或密闭放空线加盲板。

[P]-放空阀和排凝阀加盲板或丝堵。

(P)-确认换热器运行正常。

[P]-恢复保温。

[P]-恢复蒸汽圈、防雨罩等安全防护设施。

最终状态 S_F
换热器正常运行

最终状态确认：

(P)-换热器冷介质入口、出口温度，压力和流量正常。

(P)-换热器热介质入口、出口温度，压力和流量正常。

(P)-换热器密闭排凝线、密闭放空线加盲板。

(P)-换热器排凝放火炬线加盲板。

(P)-换热器放空阀、排凝阀加盲板或丝堵。

(P)-换热器蒸汽、N_2 吹扫置换线加盲板。

辅助说明：

换热器拆除盲板后，用置换介质做一次法兰的气密试验。对于沸点低的介质，充介质过程中需防止换热器冻凝。

不允许外排的介质：

① 有毒、有害的介质。

② 温度高于自燃点的介质。

③ 易燃、易爆的介质。

2. 换热器停用

A 级操作框架图

初始状态 S_0
换热器正常运行

① 换热器停用。

状态 S_1
换热器停用

② 换热器备用。

③ 换热器热备用。

④ 换热器冷备用。

状态 S_2
换热器备用

⑤ 换热器交付检修。

最终状态 S_F
换热器交付检修

B 级停用操作

初始状态 S_0
换热器正常运行

适用范围：

① 有或无相变的换热器。

② 单台或一组换热器。

③ 流动介质：闭路循环水、软化水、蒸汽、液体烃类化合物、气体等。

初始状态确认：

(P)-换热器冷介质入口、出口阀开。

(P)-换热器热介质入口、出口阀开。

(P)-换热器密闭排凝线盲板隔离。

(P)-换热器放火炬线盲板隔离。

(P)-换热器放空阀、排凝阀盲板或丝堵隔离。

(P)-换热器蒸汽、N_2吹扫、置换线盲板隔离。

3. 操作指南

日常检查与维护：

① 检查换热器浮头大盖、法兰、焊口有无泄漏。

② 检查换热器冷介质入口和出口温度、压力。

③ 检查换热器热介质入口和出口温度、压力。

④ 检查换热器保温设施是否完好

⑤ 蒸汽圈、防雨罩等安全防护设施是否完好。

（三）关键部位取样操作程序及注意事项

1. 原料混合 C_4、未反应 C_4 取样操作程序

(M)-取样要求所使用的工具为球胆和夹子。

[P]-稍开取样处的阀门，排除取样管线中的残留液体。

(P)-确认排出的液体干净时，关闭取样处的阀门。

[P]-将管线采样口插入到球胆取样口上，稍开取样处的阀门取出上述烃类液体。

(P)-确认球胆膨胀到一定体积时，关闭取样处的阀门。

[P]-取下球胆，将球胆内的试样排至大气中。

[P]-重复上述步骤 2~3 遍。

[P]-最后一次取样拔出球胆时，立即用夹子将球胆取样口夹紧，供化验分析使用。

> 注意：取样时应戴手套和防护镜，同时化验人员须监护；采样阀应稍开，防止一下子开得过大；采样完毕，确认采样处各阀门关闭。

2. 液体萃取水、甲醇水溶液、甲醇、MTBE 取样

(M)-取样要求 100mL 带橡胶塞的广口瓶。

[P]-稍开取样处的阀门，排除取样管线中的残留液体。

(P)-确认排出的液体干净时，关闭取样处的阀门。

[P]-将广口瓶接到采样口上，取出上述液体。

[P]-取下广口瓶，将广口瓶内的试样倒在指定的工业垃圾桶中。

[P]-重复上述步骤 2~3 遍。

[P]-最后一次取样结束时，立即用橡皮塞塞紧广口瓶，供化验分析使用。

> 注意：取样时应戴手套和防护镜，同时化验人员须监护；采样阀应稍开，防止一下子开得过大；采样完毕，确认采样处各阀门关闭。

3. 反应器出口采样

(M)-取样要求一个特殊的带橡皮塞的圆柱形注射管。

[P]-打开采样处的上下游阀门。

(P)-确保采样处管线中的样品流动起来。

[P]-打开采样处的阀门排出取样接触的液体,以除去阀及管线上的残液。

[P]-将圆柱形注射管插入到采样口上,取出上述液体。

[P]-取下圆柱形注射管,将圆柱形注射管内的样品倒在指定的工业垃圾桶中。

[P]-重复上述步骤2~3遍。

[P]-最后一次取样结束时,立即将圆柱形注射管封好,供化验分析使用。

[P]-关闭各采样处的阀门。

> 注意:取样时应戴手套和防护镜,同时化验人员须监护;采样时采样阀应稍开,防止一下子开得过大;采样完毕,确认采样处各阀门关闭。

(四)事故处理

1. 事故处理原则

① 要确保事故发生地及周边地区各类人群的自身安全。

② 在人身安全有保障或无危险的前提下,保护整个生产装置的安全。

③ 在明确装置处于安全状态下时,要保证关键设备的安全。

④ 在前三点都确保的情况下,处理问题点。事故应急处理时,要判断准确、处理及时、果断迅速,将灾害控制到最低限和最小范围。

⑤ 如班长不在时,暂时由内操负责指挥。

参与现场抢险、急救的人员必须保证自身安全的前提下进行抢险作业,佩戴防护服、空气呼吸器等防护用品。参与现场抢险、急救的人员禁止使用、佩戴非防爆物品、工具。

出现事故时,首先要保证各设备不得超压、超温。

出现事故时,凡设备放压时,一定要控制放压速度,防止放压过快导致设备损坏。

出现事故时,如有甲醇及MTBE产品外泄,要注意及时封堵下水设施,防止污染污水处理系统。

生产不正常时,应及时与调度及有关部门联系,以免影响其他单位的生产。产品不合格,应及时联系换罐。

⑥ 出现可燃物泄漏、火灾等异常情况,必须设置警戒区域。

2. 紧急停工方法

A级操作框架

> 状态 S_1
> 装置处于紧急停工状态

① 紧急停工需要的确认。

② 紧急停工操作。

> 状态 S₁
> 装置处于紧急停工状态

B 级操作

① 紧急停工需要的确认。

(M)-关键设备发生故障。

(M)-设备管线泄漏严重。

(M)-长时间停水、停电、停汽、停风。

(M)-重大火灾、爆炸事故。

> 状态 S₀
> 装置处于需要紧急停工的状态下

② 紧急停工操作

[P]-停止装置进料及反应器预热器的热源。

[P]-尽可能快地退出装置内的物料。

[I]-应密切注意反应器和反应塔催化剂床层的温度，防止催化剂"飞温"出现。

[I]-注意各设备的压力，防止超压。

[P]-若装置管线或容器泄漏严重，漏点用蒸汽或水作掩护；若装置设备泄漏，再隔离该容器。

[P]-同时要防止设备憋压以免事故扩大化，管线泄漏卡两头，容器泄漏抽下头。

> 状态 S₁
> 装置处于需要紧急停工的状态下

③ 事故处理预案

a. P201A/B 均故障。

事故原因：P201A/B 均故障。

事故确认：外操人员启动 P201A/B 时均无法启动，催化蒸馏塔上段塔顶压力上升，催化剂床层温度出现"飞温"。

事故处理：

(M)-通知调度。

[I]-打开 PV2101C 泄压。

[I]-关闭 FV2101。

[P]-根据实际情况开 E202 的壳程副线，降低进料温度。

[P]-停 P101A/B,并关闭出入口阀门。

[I]-界区进料切断。

(I)-确认 FI1104 及其手阀处于关闭状态。

[P]-P101A/B 停 15 min 后停 P102A/B，并关闭出入口阀门。

[P]-关闭 PV2101 前阀门，隔离 R201。

(I)-确认 PIC2101 在 0.8MPa 以下，否则联系外操对 R201 进行泄压。

[I]-打开 SV201A/B 副线。

(I)-确认 PIC2101 在 0.7～0.8MPa，并关闭打开的 SV201A/B 副线。

[I]-确认 TIC2116 小于 125℃。

[I]-关闭 LV2101，隔离 C201。

[I]-关闭 FV2103 及其上下游手阀。

[I]-C301、C302 双塔闭路循环。

(I)-确认 LICA3104 在 10%左右时，联系外操停 P301A/B。

[M]-联系相关部门办理作业票处理 P201A/B。

(M)-确认 P201A/B 修复后，按正常开工步骤进行开工。

> 注意：若催化剂床层温度及塔顶压力上升不太快，则上述相关动作不必太快，以尽量减少设备的损伤；若超温严重甚至出现"飞温"的迹象以及压力上涨过快以至于出现安全阀起跳的现象，则上述相关动作必须加快。

b. P303A/B 均故障。

事故原因：P303A/B 均故障。

事故确认：外操人员启动 P303A/B 时均无法启动，因甲醇塔无回流，塔顶甲醇带大量的水无法回收。

事故处理：

(M)-通知调度。

(M)-确认 FI1104 及其阀门处于关闭状态。

[P]-P101A/B 立即停运，并关闭出入口阀门。

[P]-P101A/B 停 15 min 后停 P102A/B，并关闭出入口阀门。

[P]-可根据实际情况开 E202 的壳程副线，降低进料温度。

[P]-隔离 R201。

(I)-确认 PIC2101 在 0.8MPa 以下，否则联系外操对 R201 进行泄压。

(P)-确认 R201 进出口阀门处于关闭状态。

[I]-维持 PIC2101 在 0.8～1.0MPa。

[I]-关闭 LV2101 及其上下游阀门。

[I]-关闭 LV3104 及其上下游阀门。

[P]-减少 C201 的再沸器 FIC2101 的蒸汽流量。

[P]-隔离 C201。

[P]C201 进行全回流，并维持各个操作参数在正常的范围内。

(I)-确认 PIC2101：0.8MPa；TIC2116C：110～125℃。

(I)-确认 LICA3104 在 10%左右时。

[P]-停运 P301A/B。

(I)-确认 P301A/B 出口流量为 0。

[I]-关闭 LV3103。

(I)-确认 TIC3106 小于 100℃。

[I]-控制 TI3111 小于 65℃。

[I]-P304A/B 可正常运行。

[M]-联系钳工修 P303A/B。

(M)-确认将 P303 A/B 修复后，按正常开工步骤进行开工。

> 注意：若反应器、催化剂床层温度及塔顶压力上升不太快，则上述相关动作不必太快，以尽量减少设备的损伤；若超温严重甚至出现"飞温"的迹象以及压力上涨过快以至于出现安全阀起跳的现象，则上述相关动作必须加快。

退守状态：C201 进行全回流，并维持各个操作参数在正常的范围内，塔顶压力控制在 0.7～0.8MPa，反应塔床层温度低于 70℃。

c. 长时间停电。

事故原因：装置停电。

事故确认：所有运行机泵停止。

事故处理：

(M)-通知调度。

[P]-界区进料切断。

(P)-确认 FI1104 及其阀门处于关闭状态。

(P)-确认现场各泵操作柱出"停"位置。

[P]-可根据实际情况开 E202 的壳程副线，降低进料温度。

[P]-停运 P101A/B 并关闭其出入口阀门。

[P]-15min 后停运 P102A/B 并关闭其出入口阀门。

[P]-隔离 R201。

(P)-确认 R201 进出口阀门处于关闭状态。

<M>-若 R201 有超温(床层温度大于 80℃)、超压(PIC2101>0.9MPa)现象出现，则立即进行泄压。

[I]-关闭 LV3103 处前阀门。

[I]-关闭 LV2101 处前阀门。

[I]-关闭 FV2101 处前阀门。

[P]-隔离 C201。

(P)-确认 C201 进出口阀门处于关闭状态。

<M>-若 C201 有超温(床层温度大于 80℃)、超压(PICA2101>0.8MPa)现象出现，则立即进行泄压。

[P]-隔离 C301。

<P>-若 C301 有超压(>0.6MPa)现象出现，则立即进行泄压。

(I)-若 LICA3104 在 95%左右时。

[P]-打开 V301 安全阀副线进行放火炬。

(P)-确认 LICA3104 小于 90%。

[I]-关闭 LV3103。

(I)-确认 TIC3106 小于 100℃。

[I]-打开 PV3101C 或副线。

(I)-控制 TI3111 小于 65℃。

[M]-联系生产调度了解停电原因。

(M)-根据停电时间长短决定是否采取进一步的停工措施还是等待来电。

(M)-确认恢复供电后按正常开工步骤开工。

> 注意：若反应器、催化剂床层温度及塔顶压力上升不太快，则上述相关动作不必太快，以尽量减少设备的损伤；若超温严重甚至出现"飞温"的迹象以及压力上涨过快以至于出现安全阀起跳的现象，则上述相关动作必须加快。

退守状态：反应器床层温度小于 70℃。C201 床层温度小于 70℃，压力小于 0.7MPa，C301 压力小于 0.6MPa，塔顶温度 TI3111 小于 65℃。

d. 停闭路循环水事故处理。

事故原因：装置停闭路循环水。

事故确认：C201 塔顶压力无法控制并上涨，C302 塔顶温度无法控制并上涨。

事故处理：

(M)-通知调度。

[P]-界区进料切断。

(P)-确认 FI1104 及其阀门处于关闭状态。

[P]-可根据实际情况开 E202 的壳程副线，降低进料温度。

[P]-停运 P101A/B 并关闭其出入口阀门。

[P]-约 10～15min 后停运 P102A/B 并关闭其出入口阀门。

[P]-隔离 R201。

(P)-确认 R201 进出口阀门处于关闭状态。

<M>-若 R201 有超温(床层温度大于 80℃)、超压(PIC2101>0.8MPa)现象出现，则立即进行泄压。

[I]-关闭 FV2101。

(I)-确认 FIC2104 流量为零。

<I>-防止塔 C201 超压,加大回流量 FICA2101,必要时排不凝气。

[I]-关闭 LV2101 处前阀门。

[I]-关闭 LV3103 处前阀门。

[P]-隔离 C201。

(P)-确认 C201 进出口阀处于关闭状态。

<M>-若 C201 有超温(床层温度大于 80℃)、超压(PICA2101>0.8MPa)现象出现,则立即进行泄压。

[I]-对 C201 进行全回流操作。

[P]-隔离 C301。

<P>-若 C301 有超压(>0.6MPa)现象出现,则立即进行泄压。

(I)-若 LICA3104 在 10%左右时。

[P]-停运 P301A/B。

(I)-确认 P301A/B 出口流量为 0。

[I]-关闭 LV3103。

(I)-确认 FIC3104 流量为 0。

[P]-隔离 C302,停止回收甲醇进 V102(关闭 LV3103 及其上下游阀门)。

<P>-观察机泵 P304、P303 冷却情况,如超温轴承温度大于 65℃则立即停运,并关闭出入口阀。

(P)-根据 C301、C302、V301 液位情况停运 P301A/B。

> 注意:若反应器、催化剂床层温度及塔顶压力上升不太快,则上述相关动作不必太快,以尽量减少设备的损伤;若超温严重甚至出现"飞温"的迹象以及压力上涨过快以至于出现安全阀起跳的现象,则上述相关动作必须加快。

退守状态:反应器床层温度小于 70℃。C201 床层温度小于 70℃,压力小于 0.7 MPa,C301 压力小于 0.6MPa,C302 塔顶温度 TI3111 小于 65℃。

e. 停蒸汽。

事故原因:装置停蒸汽。

事故确认:C201 釜温无法控制并下降,C302 塔底温度无法控制并下降。

事故处理:

(M)-通知调度。

[P]-界区进料切断。

(P)-确认 FI1104 及其阀门处于关闭状态。

[P]-停运 P101A/B 并关闭其出入口阀门。

[P]-15min 后停运 P102A/B 并关闭其出入口阀门。

[P]-隔离 R201。

(P)-确认 R201 进出口阀门处于关闭状态。

<M>-若 R201 有超温(床层温度大于 80℃)、超压(PRCA2101>0.8MPa)现象出现，则立即进行泄压。

[I]-关闭 FV2101 及其前阀门。

(I)-确认 FIC2101 流量为 0。

[I]-关闭 LV3103 处前阀门。

[I]-关闭 LV2101 处前阀门。

[I]-关闭 FV2103 处前阀门。

[P]-隔离 C201。

(P)-确认 C201 进出口阀处于关闭状态。

<M>-若 C201 有超温(床层温度大于 80℃)、超压(PRCA2101>0.8MPa)现象出现，则立即进行泄压。

[I]-对 C201 进行全回流操作。

(I)-确认 FV3103 及其手阀处于关闭状态。

[I]-C301、C302 进行双塔闭路循环。

[I]-停止回收甲醇进 V102A/B。

(I)- LICA3104 在 10%左右时。

[P]-停运 P301A/B。

(I)-确认 P301 A/B 出口流量为 0。

(I)-若 LICA3103 在 10%左右时。

[P]-停运 P303A/B。

(I)-确认 P303 A/B 出口流量为 0。

(M)-确认联系调度，查明停蒸汽原因。

(M)-确认蒸汽恢复后，按正常开工程序进行开工。

> 注意：若反应器、催化剂床层温度及塔顶压力上升不太快，则上述相关动作不必太快，以尽量减少设备的损伤；若超温严重甚至出现"飞温"的迹象以及压力上涨过快以至于出现安全阀起跳的现象，则上述相关动作必须加快。

退守状态：反应器床层温度小于 70℃，并处于隔离状态。C201 处于全回流状态，C301、C302 处于双塔闭路循环。

f. 停净化风。

事故原因：装置停净化风。

事故确认：风开阀全关，风关阀全开。

事故处理：

(M)-通知调度。

[I]-若短时间停风可接入氮气维持生产。

<M>-防止设备超温超压、装满或抽空。

[P]-停运 P101A/B 并关闭其出入口阀。

[P]-15min 后停运 P102A/B 并关闭其出入口阀。

[P]-界区进料切断。

(M)-确认 FI1104 及其手阀处于关闭状态。

(M)-确认来风后迅速恢复正常生产。

(M)-确认若长时间停风则需停工。

[M]-联系生产调度了解停净化风原因及停净化风时间。

[M]-恢复净化风后按正常开工步骤开工。

[I]-监控 R201 反应器床层温度、压力情况。

<I>-若超温(R201 床层温度大于 80℃)、超压(R201 顶部压力 PIC2101>1.0MPa)则立即进行泄压。

> 注意：若反应器、催化剂床层温度及塔顶压力上升不太快，则上述相关动作不必太快，以尽量减少设备的损伤；若超温严重甚至出现"飞温"的迹象以及压力上涨过快以至于出现安全阀起跳的现象，则上述相关动作必须加快。

退守状态：反应器床层温度小于 70℃。C201 床层温度小于 70℃，压力小于 0.7MPa，C301 压力小于 0.6MPa，C302 塔顶温度 TE3111 小于 65℃。

g. 原料中断或不足。

事故原因：原料中断或不足。

事故确认：V101 液位指示不断下降，同时混合 C_4 进装置流量较正常值低或无流量指示。

事故处理：

(M)-通知调度。

[I]-关闭 FI1104 阀及其上下游手阀。

(I)-确认 LICA1101 液位指示不再上升。

[P]-P301A/B 出口转向 V101 进行大闭路循环。

(M)-确认 P301A/B 出口流程已改至 V101，同时 P301 出装置流程切断。

[P]-停运 P102A/B 并关闭其出入口阀（若甲醇原料中断执行本操作）。

[P]-可根据实际情况开 E202 壳程副线，降低进料温度。

[I]-C302 进行全回流操作。

(M)-确认 C302 进出口流程已关闭。

[I]-LV3103 关闭。

(M)-确认来料后迅速恢复正常生产。

(M)-确认若长时间无原料按停工处理。

(M)-联系生产调度了解停料原因及停料时间。

(M)-确认恢复进料后按正常开工步骤开工。

> 注意：若反应器、催化剂床层温度及塔顶压力上升不太快，则上述相关动作不必太快，以尽量减少设备的损伤；若超温严重甚至出现"飞温"的迹象以及压力上涨过快以至于出现安全阀起跳的现象，则上述相关动作必须加快。

退守状态：装置处于大闭路循环状态。

h. 本装置发生火灾或爆炸的处理。

事故原因：发生火灾或爆炸。

事故确认：发生火灾或爆炸并严重影响装置的安全生产。

事故处理：

(M)-通知消防队协助扑救。

(P)-听从班长指挥配合灭火工作。

[P]-管线发生火灾，应立即将管线两头阀关死，切断与系统的联系。

[P]-塔容器发生火灾，应立即停止进料，尽快将容器内介质抽走。

[P]-装置发生火灾，应立即停止进料，将余下的介质抽走。

[P]-立即打开着火部位临近部位的消防蒸汽。

(P)-液化气瓦斯着火，可用蒸汽、二氧化碳、干粉灭火器扑救。

(P)-电器设备着火，可用二氧化碳、四氯化碳、干粉灭火器扑救。

(P)-配合消防队扑救。

> 注意：在重大事故处理过程中，首先要做到不慌、不乱；迅速查明发生火灾或爆炸部位，尽快降低发生火灾或爆炸设备的压力，在液态烃大量泄漏的处理过程中，严禁用铁器敲击阀门管线、设备，严禁穿钉子鞋进入装置现场，严禁穿化纤衣服，避免产生火花、静电引起爆炸和火灾事故的发生；在处理甲醇泄漏的过程中，用水冲洗泄漏的甲醇，不要让甲醇溅到皮肤上，同时必须戴上防护眼镜、橡胶手套。

退守状态：尽快将装置内的物料退尽。

3. 事故处理预案演练规定

（1）事故处理预案演练小组组成与职责

车间主任：负责车间事故预案演练处理统一指挥工作。

车间工艺副主任：负责方案的具体实施工作。

车间安全工程师、装置工程师：负责装置安全防患措施的落实，协同安检。

（2）事故处理预案演练的具体措施落实情况

在事故处理预案演练之前，必须先要使每个员工清楚各步骤的具体实施过程，在进行事故演练过程中参与人员必须做好自我保护措施。

（3）在事故演练过程中，若有人发生中毒、摔伤、烧伤时，应采取如下紧急措施：

① 受伤员工或中毒员工立即转移至安全地带，并注意保暖，若是抢救中毒者，抢救人员必须佩戴氧气呼吸器。

② 必要时实施现场急救措施。

③ 视情况拨打120送往医院进行抢救。

（4）事故处理预案演练的注意事项

要有计划，并统一实行指挥，搞好各参加单位的协同作战，防止演练混乱、走过场而达不到预期的目的。

（五）装置安全知识

1. 本装置物料的安全性质

本装置处理的物料是液化气 C_4 馏分和甲醇，产品是 MTBE。装置原料和产品的性质见表3-3。

表3-3 装置原料和产品的性质

序号	物料名称		沸点/℃	闪点/℃	爆炸极限/%	毒性	卫生允许最高浓度/（mg/L）
1	液化气 C_4 馏分	丙烯	−47.7	<−66.7	2～11.2		
		丙烷	−42.07	<−66.7	2.37～9.5		
		异丁烯	−6.90		1.75～9.7		
		异丁烷	−11.27		1.8～8.44		
		1-丁烯	−6.26	−80	1.6～9.3		
		正丁烷	−0.5	−60（闭口）	1.86～8.41		
		2-反丁烯	0.88	−80	1.75～9.7		
		2-顺丁烯	3.72	−80	1.75～9.7		
		戊烷	36.07	<−40	1.40～7.8		
2	甲醇		64.7	11	5.5～36.5	有毒	0.05
3	甲基叔丁基醚		55.3	−26.7	1.6～8.4		

由表3-1可以看出，液化气 C_4 馏分属于可燃易爆气体，甲醇和 MTBE 属于易燃液体。本工艺装置的火灾危险性分类为：甲 A 类防火。

2. 本装置的主要易燃易爆、有毒介质

（1）液化石油气的危险性

液化石油气在常压室温下为无色气体，能与空气混合形成爆炸性的混合物，一旦遇火星或高热就有爆炸、燃烧的危险，它具有下列几个特性：

① 极易引起火灾。液化石油气在常温常压下由液态极易挥发为气体，并能迅速扩散蔓延。因为它比空气重而往往集聚在地面的空隙、坑、沟、下水道等低洼处。一时不易被风吹散，即使在平地上，也能沿地面迅速扩散到远处。所以远远地遇明火，也能将泄

漏和集聚的液化石油气引燃，造成火灾。

②　爆炸的可能性极大。液化石油气的爆炸极限范围较宽，一般在空气中含有 2%～10%的浓度范围，一遇明火就会爆炸。如 1L 液化气与空气混合液达到 2%时，就能形成体积为 12.5 m^3 的爆炸性的混合物。使爆炸的可能范围大大扩大了，爆炸的危险性也就增加了。

③　破坏性强。液化石油气的爆炸速度为 2000～3000m/s。火焰温度达 2000℃，闪点在 0℃以下最小燃烧量都在 0.2～0.3mJ。在标准状况下 1m^3 石油气完全燃烧时其发热值高达 104.67MJ，所以爆炸的威力大，其破坏性也很强。

④　具有冻伤危险。液化石油气是加压液化的石油气体，储存于罐或钢瓶中，在使用时又由液态减压汽化变为气体。一旦设备容器、管线破裂或钢阀崩开，大量液化气喷出，由液态急剧减压变为气态大量吸热，结霜冻冰。如果喷到人的身上，就会造成冻伤。

⑤　能引起中毒。液化石油气是一种麻醉性中毒物，对人的器官有害，空气中石油的含量不超过 1000mg/m^3 时就能引起中毒，轻度中毒者会发生头疼、头晕、恶心、呕吐、心悸和全身乏力等。轻度中毒，立即脱离危险区，到空气新鲜处休息片刻，就可能好转；中毒严重，即在短时间内吸入大量的液化石油气，应及时组织抢救，否则会造成死亡事故。

（2）甲醇

①　甲醇的物化性质。甲醇是无色透明、高度挥发的易燃液体，略有酒精气味，可与水、乙醇、乙醚、苯、酮、酯及卤代烷等相混溶。燃烧时生成蓝色火焰，易受氧化或脱氢而生成甲醛。

分子量为 32.04；相对密度为 0.791～0.792；熔点为-97.8℃；沸点为 64.8℃；饱和蒸气压为 13.33kPa（21.2℃）；闪点为 12.22℃（开口杯）。爆炸极限为 5.5%～36%；自燃点为 464℃。

②　甲醇的毒性。甲醇是有毒介质，甲醇在空气中最高允许浓度为 50mg/m^3。甲醇在水中溶解度极高，可经呼吸道、胃肠道和皮肤吸收，吸收后迅速分布于肌体组织，主要作用于神经系统，对视神经和视网膜有特殊选择作用。甲醇在体内氧化缓慢，仅为乙醇的 1/7。排泄也慢，故有明显的蓄积作用。其蒸气对呼吸道和黏膜有强烈的刺激作用。有经皮肤吸收中毒引起的视觉障碍和失明的报道。

③　甲醇的中毒表现。以神经系统症状、酸中毒和视神经炎为主，伴有黏膜刺激。有 1～4 天潜伏期，经口中毒，一般误服 5～10mL，可严重中毒，15mL 可致视网膜炎，甚至造成失明，30～100mL 可致死。发病症状为倦怠、头疼、眩晕、肌无力、恶心、呕吐、上腹疼痛和腹泻或昏迷。

④　急救。接触甲醇后要及时除掉被污染的衣物，用清水冲洗干净，并注意保护眼睛。

万一甲醇进入眼睛应立即去装置所设的洗眼处冲洗，如引起发炎或其他不适，应及时去医院诊治。

经口中毒而神志清醒者。用 1%的碳酸氢钠洗胃，硫酸钠导泻，用软纱布遮盖双眼以防光刺激。

吸入中毒者，根据二氧化碳结合力，用碳酸氢钠或乳酸钠中和酸中毒，注意电解平衡。吸入氧气、保温、静卧，因病情变化迅速须严密观察。

（3）甲基叔丁基醚(MTBE)

① MTBE 的物化性质。无色液体，微溶于水，可作为汽油添加剂代替四乙基铅。

研究法辛烷值(RON)：117；马达法辛烷值(MON)：101；相对密度：0.74（液体）；熔点：$-110℃$；沸点：55℃；饱和蒸气压：32.66kPa。

② MTBE 的毒性。经口和经皮，属微毒类。

③ MTBE 的中毒表现。人过量接触后有头痛、恶心、呕吐、眩晕、麻醉、呼吸急促、血压降低及神经系统抑制等症状。对眼和皮肤有刺激性，误服后可产生胃肠道刺激和中枢神经系统抑制。MTBE 进入眼睛会引起眼睛发炎，与皮肤接触会造成皮肤干燥。

④ 急救。发现有人中毒后，应迅速脱离中毒现场、吸氧，呼吸停止时进行人工呼吸，皮肤接触时应立即脱去污染衣物，用大量清水冲洗，至少 15min。眼睛接触同样用水冲洗 15min。全身症状视情况可对症处理。

本装置所处理的物料是液化气的 C_4 馏分，属于可燃气体，甲醇和产品 MTBE 同属于易燃液体，具有火灾危险性，并在一定的条件下具有爆炸危险性。

3. 甲基叔丁基醚生产装置的防爆管理规定

全装置范围内的所有易燃、易爆物料及有火灾爆炸危险的过程和设备，必须严格管理。

坚持"安全第一，预防为主"的方针，开展经常性的安全防火，防中毒知识教育，加强安全防火检查和灭火器材管理。

装置内严禁吸烟，并禁止携带烟、打火机、火柴及其他火种入装置。

严禁穿带钉子的鞋及化纤服装进入生产装置区域内。

严禁在防火防爆区内用石块、黑色金属等敲击设备管线等。

正常生产中不准随便排放物料。

严禁在生产区、泵房内私放物料，不准用汽油等轻质油品擦洗衣物、设备、零部件及地面等。

各罐脱水时，在没有关好切水阀前不允许离人。

生产岗位发现不正常气味和其他可疑现象时，应立即查找物料跑漏处，及时处理并采取紧急防火措施。

设备及工艺管线上的安全阀、压力表、液位计、防爆膜、阻火器、报警器等安全设施,必须保证完好、灵活,不准随便切断或停用，发生故障及时修复。

装置生产区域内不准明火取暖、照明或烧水、做饭等。

生产装置内一切防火、灭火设备，设施，由专人维护保养，不准挪用，并纳入交接班内容，定期检查保证灵活好用。

岗位操作人员必须会使用各种灭火器材，了解其性能和用途及基本的灭火方法。

对有毒有害物料大量外溅的场所或火场，必须设立警戒线，抢救人员应佩戴防护器具，对烧伤、烫伤及中毒等受伤人员，迅速使其脱离事故现场，并通知医护人员进行急救处理。

4. 反违章六条禁令

为进一步规范员工安全行为，防止"三违"现象，保障员工生命和企业生产经营的顺利进行，特制定本禁令。

① 严禁特种作业无有效操作证人员上岗操作。

② 严禁违反操作规程操作。

③ 严禁无票证从事危险作业。

④ 严禁脱岗、睡岗、酒后上岗。

⑤ 严禁违反规定运输民爆物品、放射源和危险化学品。

⑥ 严禁违章指挥、强令他人违章作业。

员工违反上述"禁令"，给予处分；造成事故的，解除劳动合同。

（六）装置相关指标

1. 原料指标

原料 C_4 和甲醇质量指标见表 3-4、表 3-5。

表 3-4　原料 C_4 质量指标

名　　称		单　　位	指　　标
丙烷、丙烯			0.20
混合 C_4	正丁烷	%	12.0
	异丁烷		35.13
	正丁烯		7.94
	异丁烯		18.22
	反丁烯		14.22
	顺丁烯		11.20
$C_5 \geqslant$			1.09
合　　计			100

表 3-5　甲醇工业一级规格质量指标

序　号	项　目	单　位	指　标
1	外观		无色透明液体，无可见杂质
2	色度（铂-钴）	号	≤5
3	密度（20℃）	g/mL	0.791～0.793
4	沸程	℃(760mmHg)	64.0～65.5
5	蒸馏量	mL	≥98
6	温度范围（包括 64.6±0.1）	℃	≤0.8
7	高锰酸钾试验	min	≥50
8	水溶液试验		澄清

序 号	项 目	单 位	指 标
9	水分含量	%	≤0.3
10	游离酸（以 HCOOH 计）含量	mg/kg	≤15
11	游离碱（以 NH$_3$ 计）含量	mg/kg	≤2
12	羰基化合物（以 HCOH 计）含量	mg/kg	≤20
13	蒸发残渣	mg/kg	≤10
14	气味		无特殊臭气味
15	乙醇含量	%	≤0.01

注：1mmHg=133.3 Pa，下同。

2. 催化剂指标

催化剂的物性指标见表3-6。

表3-6 催化剂的物性指标

序 号	项 目	指 标
1	外观	深灰色或黑褐色不透明球状颗粒
2	含水量/%	50～58
3	功能基团容量/[mmol H/g（干）]	≥5.2
4	湿真密度（20℃）/（g/mL）	1.15～1.25
5	湿视密度/（g/mL）	0.70～0.85
6	机械强度/%	≥95
7	平均孔半径/nm	30～45
8	比孔容/（mL/g）	0.25～0.50
9	比表面积/（m^2/g）	30～50
10	粒度/%	（0.355～1.25mm）≥95
		（<0.355mm）<1
		（>1.25mm）<1
11	最高耐热温度/℃	120
12	出厂型式	氢型

3. 半成品、成品指标

半成品、成品指标见表3-7。

表3-7 半成品、成品指标

名 称	项 目	单 位	指 标
MTBE	MTBE		≥96.0
	其他		≤4.0
剩余 C$_4$	二甲醚	%（质量分数）	≤0.1091
	异丁烯		<0.15
	甲醇		≤80×10^{-6}
	MTBE		≤100×10^{-6}
	C$_4$		≥99

MTBE 成品指标见表 3-8。剩余 C_4 指标见表 3-9。回收甲醇指标见表 3-10。

表 3-8　MTBE 成品指标

序　号	组　分	质量分数/%	备　注
1	MTBE	≥98.0	扣除 C_5
2	叔丁醇	0.5～1.0	
3	低聚物	微量	
4	甲醇	<0.1	
5	C_4	0.3～0.5	
6	马达法辛烷值	101	
7	研究法辛烷值	117	

表 3-9　剩余 C_4 指标

序　号	组　分	C_4 组成（质量分数）	备　注
1	异丁烯	≤0.3%	
2	甲醇	≤100×10^{-6}	
3	MTBE	≤100×10^{-6}	
4	混合 C_4	余量	

表 3-10　回收甲醇指标

项　目	指　标	单　位
甲醇	≥99.50	%（质量分数）
水	≤0.5	%（质量分数）

4. 公用工程指标

公用工程指标见表 3-11。

表 3-11　公用工程指标

序号	公用工程	状态	压力/MPa(G)	温度/℃
1	闭路循环冷水	液	0.35	28
2	闭路循环热水	液	0.25	90
3	低压蒸汽	汽	1.0	250
4	净化压缩空气	气	0.60	常温
5	非净化压缩空气	气	0.70	常温
6	氮气	气	0.6	常温
7	脱盐水	液	0.4	常温
8	新鲜水	液	0.35	常温

5. 原材料消耗、公用工程消耗及能耗指标

MTBE 装置的物料平衡见表 3-12。离子交换树脂用量见表 3-13。消耗定额见表 3-14。公用工程消耗见表 3-15。

表 3-12 MTBE 装置的物料平衡

物料名称		流量/（kg/h）	年用量/t
进料	预反物料	36451.99	306196.72
	补充甲醇	100.00	840.00
	合计	36551.99	307036.72
出料	MTBE 产品	9565.99	80354.32
	未反应 C_4	26986.00	226682.40
	合计	36551.99	307036.72

表 3-13 离子交换树脂用量

序号	名称	型号或规格	年用量/t	一次装入量/t
1	催化蒸馏塔催化剂 C201	D006 交换容量≥5.2mmolH⁺/g(干基)	4.67	14
2	甲醇净化器净化剂 R101	D006 交换容量≥5.2mmol H⁺/g(干基)	0.33	1
合计			5.0	15

表 3-14 消耗定额

序号	名称	规格	单位	吨产品消耗定额	消耗量/t	
					每小时	每年
1	补充甲醇	99.7%	t	0.001	0.10	840
2	树脂催化剂	5.2mmol[H⁺]/g	kg	0.063		5.0
3	闭路循环水	$\Delta t=8℃$	t	60.06	574.5	$482.58×10^4$
4	水蒸气	1.0MPa(表)	t	1.02	9.751	$8.19×10^4$
5	电	380V	kW·h	3.07	29.43	$24.72×10^4$

表 3-15 公用工程消耗

序号	项目		单位	数量	备注
1	闭路循环水		t/h	591.69	
2	新鲜水		t/h	2	间断
3	除盐水		t/h	5	开工用、间断
4	电		kW·h/h	181.03	
5	蒸汽	1.0MPa 蒸汽	t/h	12.23	
		1.0MPa 蒸汽	t/h	10.00	间断
6	凝结水 0.7MPa		t/h	约 12.23	外输
7	净化压缩空气		m^3/h	120	
8	非净化压缩空气		m^3/h	180	间断
9	1.0 MPa 氮气		m^3/h	180	间断
10	含油污水		t/h	2	

6. 主要操作条件

预反应器主要操作条件见表 3-16。催化蒸馏塔正常操作条件见表 3-17。萃取塔主要操作条件见表 3-18。甲醇塔主要操作条件见表 3-19。

表 3-16 预反应器主要操作条件

序号	名 称	单 位	指 标	备 注
1	C_4 进料量	kg/h	36451.99	
2	甲醇进料量	kg/h	3267	需按异丁烯含量计算
3	醇烯比	摩尔比	1.15∶1.0	
4	入口温度	℃	35~40	
5	出口温度	℃	60~70	最高不超过 80℃
6	操作压力	MPa	0.7~1.0	
7	转化率	%	≥90%	

表 3-17 催化蒸馏塔正常操作条件

项 目	控 制 参 数	高 报 警	低 报 警
塔顶温度/℃	60±3	>75	<50
塔底温度/℃	132±3		
反应段温度/℃	63~75	>80	<53
灵敏点温度/℃	85~110	>130	<70
塔顶压力/MPa	0.75	>0.85	<0.65
塔釜压力/MPa	0.80		
进料量/（kg/h）	36451.99		
补甲醇量/（kg/h）	100	>200	<60
塔顶出料量/（kg/h）	26986.00		
回流量/（kg/h）	26986.00		
塔釜出料量/（kg/h）	9565.99		
进蒸汽量/（kg/h）	9751		
闭路循环水量(Δt=8℃)/（t/h）	574.5		
回流罐液位	0.5	>0.9	<0.3
塔釜液位	0.5	>0.9	<0.3

表 3-18 萃取塔主要操作条件

序 号	名 称	单 位	指 标	备 注
1	C301 塔底进料量	kg/h	26986.00	
2	C301 塔底出料量	kg/h		
3	C301 回流量	kg/h		
4	C301 塔顶出料量	kg/h		
5	C301 塔底补脱盐水量	kg/h		
6	C302 温度	℃	40	
7	塔顶压力	MPa	0.6	
8	塔底压力	MPa	0.7	

表 3-19 甲醇塔主要操作条件

序 号	名 称	单 位	指 标	备 注
1	C302 进料量	kg/h		
2	C302 塔底出料量	kg/h		
3	C302 回流量	kg/h		

续表

序　号	名　称	单　位	指　标	备　注
4	C302 塔顶出料量	kg/h		气相
5	塔顶温度	℃	81	
6	塔底温度	℃	124	
7	灵敏点温度	℃	120	
8	塔顶压力	MPa	0.2	
9	塔底压力	MPa	0.23	

参考文献

[1] 卢焕章. 动力车间仿真软件教学指导书. 北京：化学工业出版社，2016.

[2] 付丽丽. 苯乙烯生产仿真教学操作软件指导书. 北京：化学工业出版社，2017.

[3] 刘小隽. 有机化工生产技术. 北京：化学工业出版社，2012.

[4] 刘小隽，齐向阳. 石油化工数字化虚拟仿真实训平台指导书. 北京：化学工业出版社，2016.